AF535942

Schmidt

Praxisleitfaden Montageplanung

Maximilian Schmidt

Praxisleitfaden Montageplanung

Grundlagen und Methoden der effizienten Gestaltung von Montagearbeitsplätzen

Der Autor:
Prof. Dr.- Ing. Maximilian Schmidt, Andechs (ehemals Technische Hochschule Ingolstadt)

Bibliografische Information der deutschen Nationalbibliothek:
Die Deutsche Nationalbibliothek verzeichnet diese Publikation in der Deutschen Nationalbibliografie; detaillierte bibliografische Daten sind im Internet unter http://dnb.d-nb.de abrufbar.

www.hanser-fachbuch.de
Lektorat: Julia Stepp
Herstellung: Melanie Zinsler
Titelmotiv: © shutterstock.com/Juice Verve
Coverkonzept: Marc Müller-Bremer, www.rebranding.de, München
Coverrealisation: Max Kostopoulos
Satz: Eberl & Koesel Studio, Altusried-Krugzell
Druck und Bindung: Druckerei Hubert & Co. GmbH und Co. KG BuchPartner, Göttingen
Printed in Germany

Print-ISBN: 978-3-446-47299-0
E-Book-ISBN: 978-3-446-47359-1
ePub-ISBN: 978-3-446-47507-6

Inhalt

1 Einführung

Die Globalisierung wirkt sich auch auf den Arbeitsmarkt in Europa aus. Wertschöpfende Arbeitsplätze werden nach Osten verlegt oder verschwinden. So verkaufte z. B. der niederländische Elektrokonzern Philips in den letzten Jahren einen Großteil seines traditionellen Geschäfts (wie Fernseher, Bügeleisen oder Kaffeemaschinen) nach China.

Die Digitalisierung hat im Handel eine massive Umwälzung eingeleitet. Eine Verschiebung von Arbeitsplätzen aus dem Handel hinein in die dienstleistende Logistik wird durch die Expansion von Amazon oder DHL dokumentiert. Selbstbedienungskassen machen das „Check-out-Personal" bei Discountern überflüssig.

In der industriellen Produktion verändert sich die Arbeit ebenfalls. Die deutsche Automobilindustrie und ihre Zulieferer haben Schwierigkeiten mit den zukünftigen Märkten und der richtigen Antriebstechnik. Arbeitsplätze aus dem Motoren- und Getriebebau werden bei E-Mobilen weitgehend überflüssig. Die Erzeugung von Zahnrädern für Getriebe oder von Teilen für Kupplungen und Differentiale entfallen. Bei der Montage von Fahrzeugen verschwindet der Einbau der Komponenten des Verbrenners zugunsten von Elektroantrieb und Batterie.

Bald werden viele Arbeitsplätze aus Kostengründen für den Menschen nicht mehr erreichbar sein, andere werden durch prekäre Arbeitsverhältnisse zunehmend unangenehm oder grundlegend reformiert werden.

Dieses Buch wendet sich an künftige und praktizierende Produktionsplaner. Es vermittelt ausgewählte Grundlagen und Methoden der effizienten Gestaltung von Montagearbeitsplätzen. Es unterstützt dabei, menschliche Arbeit in der industriellen Montage zu planen und einen sinnvollen Einsatz menschlicher Arbeit auch in der Zukunft möglich zu machen. Arbeitgeber und Arbeitnehmer können in gleicher Weise von diesem Praxisleitfaden profitieren.

Zunächst gibt das Buch einen Überblick über die verschiedenen Formen der Montage und liefert Anwendungsempfehlungen für die jeweiligen Ausprägungen. Zur zielorientierten Planung führt es die Begriffe der Wertprozesse (WP) und des Wertprozessanteils (WPA) als monetäre Kennzahlen für die präzise Zielsetzung der Auslegung von Arbeitsplätzen ein. Um diese Kennzahlen einfach messen zu können, wird das methodisch und tariflich anerkannte Verfahren Methods-Time Measurement (MTM) mit zwei Prozessbausteinen vorgestellt.

Nach der Einführung in die Grundlagen (Kapitel 2 bis 4) folgen die praxisorientierten Kapitel zur Planung von Montagesystemen (Kapitel 5 bis 7). Kapitel 6 widmet sich der Auslegung guter Montagearbeitsplätze. Neben der Optimierung des Wertprozessanteils zeigt das Buch auch, wie Montagearbeitsplätze aus Sicht der Mitarbeiterbefindlichkeit gestaltet sein sollten.

Kapitel 7 stellt den ganzheitlichen Zusammenhang zwischen Konstruktion und Produktion her. Es zeigt, welche Forderungen die Produktion an die Konstruktion stellen sollte, um wertoptimierte Produkte zu schaffen. Dies erfolgt auf Basis eines Auszugs aus dem umfangreichen Leitfaden der montagegerechten Produktgestaltung (PROKON).

2 Montage in der Produktion

Im industriellen Umfeld werden Produktionssysteme geplant und gebaut, um Produkte in einer definierten Zeit, zu festgelegten Kosten und in der vom Kunden erwarteten Qualität herzustellen. Die Aufgabe der Montage besteht darin, in einer bestimmten Zeit aus einzelnen Teilen ein Produkt höherer Komplexität mit vorgegebenen Funktionen zusammenzubauen (Lotter/Schilling 1994). Dieses Kapitel erläutert grundlegende Begriffe der Montage, deren Kenntnis erforderlich ist, um Montagesysteme zu verstehen und um diese zielgerichtet und erfolgreich planen zu können.

2.1 Produktionssysteme

Das **Ziel eines Produktionssystems** ist es, eine bestimmte Menge an Produkten in einer vorgegebenen Zeit zu liefern. Dazu müssen Aufträge bearbeitet werden, in welchen festgelegt ist,

- was
- wie und
- wann

produziert werden soll.

Was wird produziert? Das Produkt in einer definierten Menge

Das **herzustellende Produkt** hat einen wesentlichen Einfluss auf die Gestaltung eines Produktionssystems. Ein Automobil besteht beispielweise aus einer Vielzahl von Einzelteilen, die eingekauft, selbst hergestellt, transportiert, montiert und geprüft werden müssen. Je nach Größe und Masse der Teile entsteht dabei ein Produkt, das neben der technischen Funktion unter anderem durch

- die Art, Zahl und Größe der Teile,
- die Masse der Teile und des entstehenden Produkts,
- die anzuwendenden Prozesse, wie z.B. Schrauben, Schweißen, Lackieren, Montieren etc.,

beschrieben werden kann. Die Produktionstechnik, die Produktionsorganisation und das Produktionsumfeld sind von diesen Charakteristika direkt betroffen.

Die **Art und Zahl der Teile** betrifft nicht nur die Logistik, die dafür sorgen muss, dass

- die **r**ichtigen Teile in der **r**ichtigen Menge und der **r**ichtigen Qualität,
- zur **r**ichtigen Zeit,
- am **r**ichtigen Ort,
- zu **r**ichtigen Kosten und
- mit **r**ichtigen Informationen

bereitstehen (7**R** der Logistik, vgl. COTRIS 2021). Je mehr Teile in der Produktion bereitgestellt werden müssen, desto mehr Platz wird dafür benötigt. Wenn die Bauelemente einer elektronischen Baugruppe aufgrund einer elektrostatischen Empfindlichkeit besonders gelagert, gehandhabt und montiert werden müssen, ist die Produktion davon betroffen.

Steigt beispielsweise die **Größe des Produkts**, werden entsprechend dimensionierte Transportbehälter, Transportmittel, breitere Wege und größere Montageplätze benötigt. Die **Masse des Produkts** wiederum zwingt die Produktion bei Überschreiten von Grenzwerten zum Einsatz einer mechanischen Unterstützung der Werker.

Die geforderte Menge an zu fertigenden Produkten beeinflusst die **Leistung des Produktionssystems**. In einer definierten Produktionszeit soll eine vorgegebene Zahl von Produkten erstellt werden. Das Produktionssystem sowie dessen Technik und Organisation müssen auf diese Leistung abgestimmt sein (siehe Bild 2.1).

$$\begin{array}{c}\text{Leistung}\\ \text{eines Produktionssystems}\end{array} = \frac{\text{geforderte Menge an Produkten}}{\text{definierte Produktionszeit}}$$

Bild 2.1 Leistungsdefinition eines Produktionssystems

Die geforderte Menge an Produkten kann auch durch die **zu erfüllende Taktzeit** ausgedrückt werden. Bei gleicher Produktionszeit kann man drei grundsätzliche Szenarien unterscheiden. Bild 2.2 führt folgende drei Bezeichnungen für unterschiedliche Produktmengen auf:

- **Massenprodukte** wie Leuchtkörper, Haushaltssicherungen, Kühlschränke
- **Serienprodukte** mit mittleren Stückzahlen wie Automobile
- kleine Stückzahlen im **Kleinserien- und Einzelproduktbereich**, wie beispielsweise Autobusse, Werkzeugmaschinen oder Produktionsanlagen

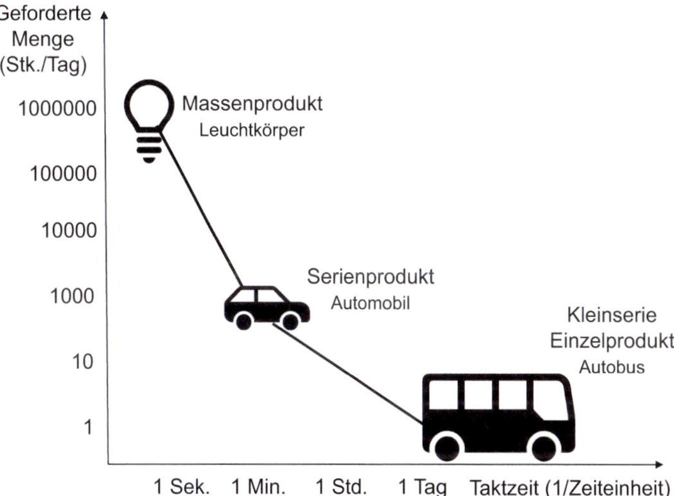

Bild 2.2 Mengenszenarien in der Produktion

Wie wird produziert? Der Auftrag

Ein Produktionssystem soll Produkte in einer gewünschten Menge herstellen. Dazu wird ein Auftrag erstellt, in dem beschrieben ist, was wann und wie anzufertigen ist. In diesem Zusammenhang ist der Begriff Losgröße (LG) zu erläutern. Bei einem Los handelt es sich um die Menge exakt gleicher Teile in einem Auftrag der Produktion. Unter einem Fertigungslos versteht man die Menge an Werkstücken, die geschlossen durch die Fertigung läuft. Ein Los ist eine Teilmenge eines Auftrags und darf nicht zerrissen werden (Tschätsch 1996).

Für die Planung eines Produktionssystems ist es wichtig zu wissen, ob dasselbe Produkt in einem Auftrag wie in Bild 2.3

- einmalig erstellt werden soll, bevor ein neues Produkt oder ein neuer Produktionsschritt begonnen wird (man spricht von Losgröße 1),
- z. B. fünfmal erstellt werden soll, bevor das Produktionssystem einen weiteren Auftrag bearbeitet (LG 5), oder
- ohne Änderung als immer gleiches Produkt hergestellt wird.

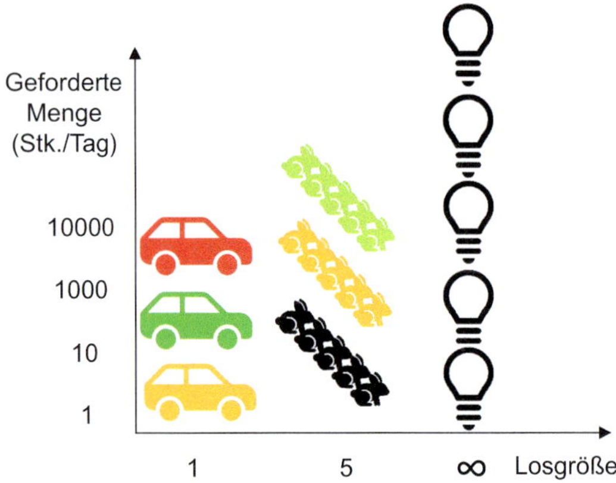

Bild 2.3 Losweise Produktion

Wann wird produziert? Vorgabezeit, Durchlaufzeit und Lieferzeit

Der Produktionsauftrag braucht für seine Bearbeitung Zeit. Zur Produktion eines Mittelklassefahrzeugs werden beispielweise rund 30 Stunden sogenannter Fertigungszeit veranschlagt. Diese Zeit ist geplant und vorgegeben, um die Fertigungs- und Montageprozesse an den Teilen und am Fahrzeug auszuführen. Sie wird auch **Vorgabezeit** genannt und als Kontrollgröße für die Einhaltung von Planungs- und Kostenvorgaben verwendet.

Um ein Fahrzeug in der gewünschten Ausstattung und der vom Kunden geforderten **Lieferzeit** zu produzieren, sind diese 30 Stunden so aufzuteilen, dass der Auftrag in einer Zeit von, beispielweise angenommenen vier Monaten, bearbeitet werden kann. In dieser Zeit wird die Bestellung vollzogen, die Teile werden beschafft und der Rohbau, die Lackierung sowie die Montage bis zur Auslieferung werden durchgeführt. Diese Zeit wird auch **Durchlaufzeit** genannt. Das Produktionssystem muss in der Lage sein, eine vorgegebene Durchlaufzeit einzuhalten, um den Liefertermin zu garantieren. Der Zeitpunkt der Lieferung bestimmt die Starttermine sämtlicher vorgelagerter Prozesse in der Produktion. Durch Rückwärtsterminierung legt die Produktionsplanung und -steuerung fest, wann z. B. ein Motor für ein bestelltes Fahrzeug gefertigt und an die Montage geliefert werden muss.

Prozesse in einem Produktionssystem

Ein Produktionssystem besteht zur Ausführung einer Arbeitsaufgabe, neben Gebäuden, Grundflächen etc., im Wesentlichen aus den drei Produktionsfaktoren (REFA Bundesverband e. V. 2002):

- Menschen
- Maschinen
- Material

Produktionssysteme werden durch (Schmidt 1992)

- das zu erstellende **Produkt** und dessen Menge (Stückzahlen),
- die auszuführenden **Prozesse** (siehe Bild 2.4),
- die **Anordnung dieser Prozesse** zu einer Struktur,
- die **Menschen und Maschinen** im Produktionssystem,
- die zu erbringende **Leistung**, definiert durch die Menge der Produkte (Messgröße Taktzeit) sowie
- die **Durchlaufzeit oder Lieferzeit**, definiert als die Zeit zwischen dem Einlasten eines Kundenauftrags oder der Bestellung und der Lieferung,

beschrieben.

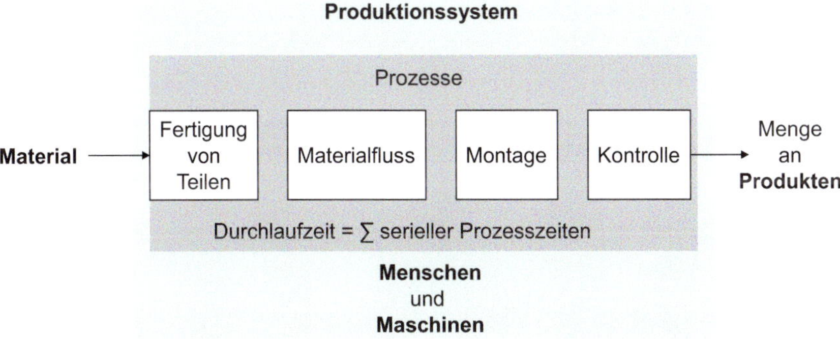

Bild 2.4 Schematische Funktionsdarstellung eines Produktionssystems

Dazu besteht das System funktionell aus den folgenden **Prozessbereichen:**

- der **Fertigung**, in der einzelne Teile in Form und Funktion hergestellt werden, ohne sie zu verbinden
- dem **Materialfluss**, laut VDI-Richtlinie 3300 der räumlichen, zeitlichen und organisatorischen Verkettung aller Vorgänge bei der Gewinnung, Bearbeitung und Verteilung von Gütern innerhalb festgelegter Bereiche (Martin 2000)
- der **Montage**, einem Bereich, der die einzelnen Teile zu einem Produkt und in eine Gesamtfunktion reversibel oder irreversibel verbindet (Schmidt 1992)
- der **Kontrolle** als Überwachung oder Überprüfung eines Sachverhalts oder einer Person (Bibliografisches Institut GmbH 2021)

2.2 Prozesse in der Montage

Die Montage kann nach DIN 8593 in unterschiedliche Prozesse eingeteilt werden (siehe Bild 2.5). Das eigentliche **Verbinden** der einzelnen Teile ist unter dem Begriff **Fügen** zu finden.

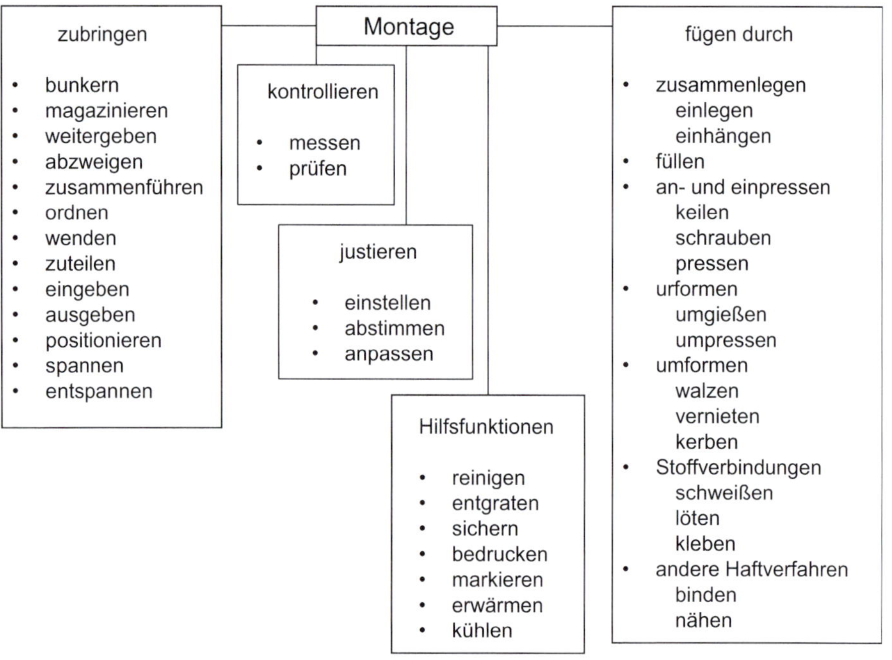

Bild 2.5 Montageprozesse (in Anlehnung an DIN 8593)

Die Prozesse der Montage können, als Auftrag betrachtet, auf unterschiedliche Arten vollzogen werden:

- in Mengenteilung oder Artteilung
- bewegt oder stationär
- manuell, mechanisiert oder automatisiert (Lotter/Schilling 1994, REFA Bundesverband e.V. 2002)

2.2.1 Mengen- oder Artteilung von Montageprozessen

Die Begriffe Mengen- oder Artteilung beziehen sich darauf, wie ein Auftrag in seiner Gesamtheit in der Produktion bearbeitet wird. Unter Auftrag ist die Menge an Produkten gemeint, die beispielweise von unterschiedlichen Kunden angefordert werden. Als Beispiel sei an dieser Stelle die Produktion von Nahrungsmitteln, etwa Pizza, angeführt. So unterscheidet man bei den Aufträgen prinzipiell, ob ein Kunde eine Pizza des Typs Quattro Stagioni bestellt und darauf wartet oder ob eine große Gruppe von Menschen zehn unterschiedliche Gerichte bestellen und eine gleichzeitige Lieferung fordern. Die Produktion muss darauf mit einer angepassten Organisation ausgerichtet sein und entsprechend reagieren können.

2.2.1.1 Mengenteilung

Unter Mengenteilung versteht die REFA-Methodenlehre[1] eine Aufteilung der Gesamtmenge von Produktionsprozessen auf mehrere Menschen oder Betriebsmittel, sodass jeder Mensch oder jede Maschine den gesamten Ablauf an einer Teilmenge ausführt (REFA Bundesverband e. V. 2002, REFA Bundesverband e. V. 1991b).

Als Beispiel soll hier der in Bild 2.6 dargestellte Montageprozess dienen. Drei verschiedene Maler (M1, M2, M3) bedienen eine Teilmenge der gesamten Kunden parallel. Im Beispiel werden gleichzeitig drei Kunden (A, B oder C) betreut. Der Maler M1 bearbeitet z. B. den Auftrag von Kunde A in all seinen Prozessschritten – von der Befragung des Kunden über die Durchführung des Bemalprozesses der Ostereier bis zum Entgegennehmen des Geldes.

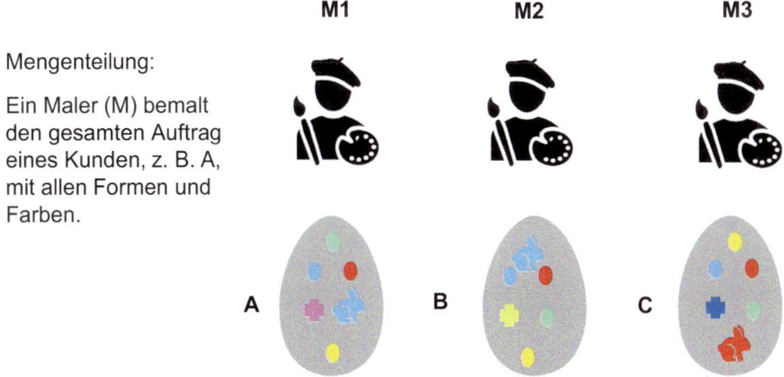

Bild 2.6 Mengenteilung am Beispiel des Bemalens von Ostereiern

Jeder Maler ist qualifiziert und in der Lage, alle Prozesse mit unterschiedlichen Farben und Formen auszuführen. Er kann unterschiedliche Muster wie Punkte, Kreuze und Hasen in verschiedenen Farben an veränderlichen Positionen auf den Eiern anbringen, das Geld kassieren und die Ware verpacken.

[1] REFA ist die weltweit älteste Organisation für Arbeitsstudien, Betriebsorganisation und Unternehmensentwicklung. Im Fokus der REFA-Aktivitäten steht, die Wirtschaftlichkeit von Unternehmen zu steigern und dabei die Arbeitsbedingungen für die Beschäftigten zu verbessern. Hierfür steht ein breites Methodenrepertoire zur Analyse, Gestaltung und Optimierung der Betriebsorganisation zur Verfügung (REFA Bundesverband e. V. 2021).

Das System der Mengenteilung in der Montage bietet aufgrund der parallelen Produktionsmöglichkeit eine hohe Redundanz und Flexibilität sowohl bei Kapazitäts- als auch bei Bedarfsschwankungen. Die Mitarbeiter müssen den gesamten, ihnen zugewiesenen Produktionsprozess beherrschen. Geht man von einer auswendig aus dem Kopf zu lösenden Produktionsaufgabe aus, so liegen die optimalen, vom Menschen zu lernenden Produktionszeiten bei ca. 1 – 3 Minuten. Hierbei setzt man die kürzere Zeit bei Aufgaben hoher Varianz ein, die längere bei steten, unveränderlichen Prozessen, um die Belastung des Menschen annähernd konstant zu halten.

Mengenteilung darf nur auf eng umrissene Arbeitsaufgaben angewendet werden oder benötigt gestaltete Arbeitsplätze, ausgearbeitet Arbeitspläne bzw. eine enge Anweisungsführung der Mitarbeiter. Der Einarbeitungsaufwand ist bei dieser Produktionsform relativ hoch.

Positiv anzuführen ist, dass der Mitarbeiter seine Arbeitsaufgabe und die Funktion des Produkts besser kennt. Der Arbeitsplatz kann dadurch auch interessanter und weniger belastend sein.

2.2.1.2 Artteilung

Bei der Artteilung gestaltet sich die Teilung der Arbeit auf mehrere Menschen bzw. Betriebsmittel derart, dass jeder Mensch/jede Maschine einen Teil des gesamten Arbeitsablaufs an der Gesamtmenge ausführt (REFA Bundesverband e. V. 1991a, REFA Bundesverband e. V. 1991b). Bei Artteilung werden den unterschiedlichen Arbeitspersonen oder Betriebsmitteln nur einzelne Abschnitte des gesamten Arbeitsablaufs zugeordnet (REFA Bundesverband e. V. 2002).

Dies kann auf zwei unterschiedliche Arten geschehen:

- in stückweiser Arbeitsteilung
- in verrichtungsweiser Arbeitsteilung

Stückweise Arbeitsteilung zerlegt die gesamte Arbeitsaufgabe in einzelne Teilprozesse und führt diese am entstehenden Produkt aus, bevor derselbe Prozess am Folgeprodukt begonnen wird (Lotter/Schilling 1994). Der Werker montiert als Teilschritt der Gesamtmontage eine bestimmte Schraube an ein Fahrrad und wiederholt dies beim nächsten Fahrrad.

Diese Produktionsform ist sowohl in der Montage als auch in der Fertigung umgesetzt. Klassischer Vertreter ist der Automobilbau, der diese Art zu montieren zu Beginn des 20. Jahrhunderts vom Zerlegprozess der Rinder in den Schlachthöfen von Chicago abgeleitet hatte. Diese Produktionsform ist auf **The Ford way of Production** im Jahre 1910 zurückzuführen und wird bis heute im Automobilbau angewendet.

Bild 2.7 zeigt stückweise Montage am Beispiel des zuvor beschriebenen Ostereierbemalens. In Anlehnung an das Ford T-Model von 1910 verwendet das Beispiel nur Schwarz als mögliche Farbe. Am Arbeitsplatz 1 trägt der Maler 1 an einem Produkt immer das Muster 1 „drei schwarze Punkte“ auf, bevor er das nächste Produkt mit dem gleichen Muster bemalt. Das Ei wird danach von Arbeitsplatz 1 zu Arbeitsplatz 2 transportiert. Am folgenden Arbeitsplatz malt der Maler 2 den Hasen auf das Ei. Zum Schluss ergänzt M3 an Arbeitsplatz 3 das Kreuz und einen weiteren Punkt.

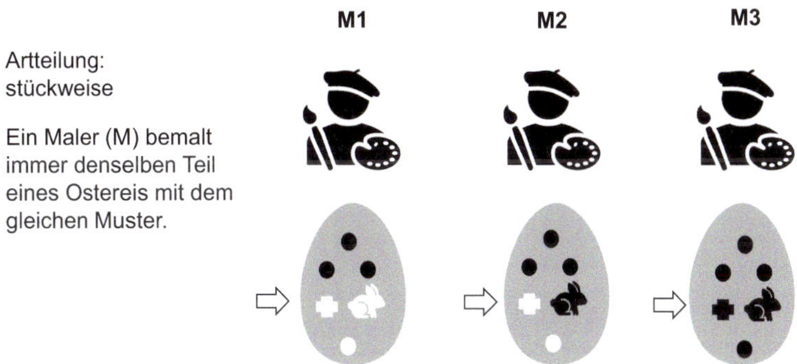

Bild 2.7 Stückweises Arbeitsteilung beim Bemalen von Ostereiern

Alle drei Mitarbeiter dürfen immer nur denselben Montageschritt ausführen. Die Komplexität der Aufgabe ist damit auf einen Teilschritt reduziert, der monoton an immer neuen Produkten durchgeführt wird. Ford war so in der Lage, mit niedrigqualifizierten Mitarbeitern zu produzieren (Sekine 1995).

Stückweise Arbeitsteilung findet hauptsächlich in der Großserien- und Massenproduktion Anwendung. Für Produkte mit einer Grundfläche über 1500 cm^2 gibt es abgesehen von Automatisierungsmöglichkeiten keine wirtschaftliche Alternative. Beispiele für die Anwendung dieser Methode sind auch der Werkzeugmaschinen- und Automobilbau oder die Elektronik- und Elektrotechnikproduktion (Lotter/Schilling 1994).

Bei **verrichtungsweiser Arbeitsteilung** bearbeitet der Mitarbeiter je einen Teilschritt für einen gesamten Auftrag (laut REFA auch Objektteilung genannt, siehe REFA Bundesverband e. V. 2002).

Der in Bild 2.7 gezeigte Malvorgang würde nach dieser Logik zunächst mit der Verrichtung 1 „drei schwarze Punkte aufmalen“ beginnen. Dieser Teilschritt würde aber nicht nur an einem Produkt, sondern an allen Teilen eines Auftrags vollzogen werden. Erst nachdem die Verrichtung 1 beendet ist, beginnt die Verrichtung 2 – „Hase aufmalen“. Wieder vollzieht der Werker diesen Montageschritt am gesamten Auftrag. Im Beispiel in Bild 2.8 arbeitet ein Maler. Sollte mehr Kapazität nötig wer den, kann in diesem System bei Bedarf allerdings auch mit mehreren Personen parallel gearbeitet werden.

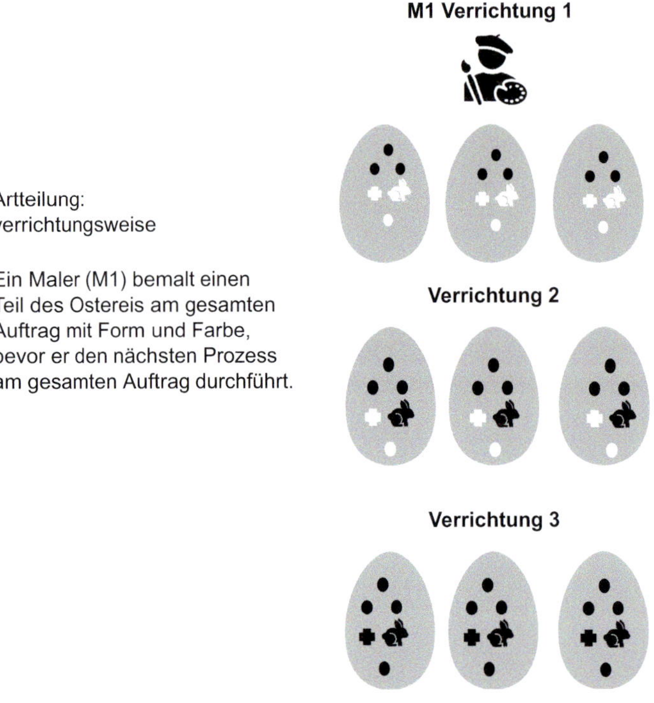

Bild 2.8 Verrichtungsweise Arbeitsteilung

Der prinzipielle Vorteil von verrichtungsweiser Montage liegt darin, dass beispielsweise Rüstvorgänge nur einmal pro Auftrag durchgeführt werden. Maler 1 muss die Schablone für den Hasen nur einmal für alle drei Eier des Auftrags holen. Gleiches gilt für das Kreuz von Verrichtung 3. Außerdem werden Kleinteile (z.B. Schrauben) nicht einzeln, sondern in Mengen gegriffen. Damit werden Hinlang- und Bringbewegungen eingespart (Lotter/Schilling 1994).

Die verrichtungsweise Montage ist durch Bewegungswiederholung gekennzeichnet. Dies ermöglicht Übungseffekte, die zeitsparend wirken, da sich der Montageschritt nacheinander an mehreren Bauteilen vollziehen lässt. Außerdem kann man beidhändiges Arbeiten realisieren (Lotter/Schilling 1994).

Verrichtungsweise Montagen können durch technische Einrichtungen in ihrer Funktion unterstützt werden (Lotter/Schilling 1994).

Vergleich von stück- und verrichtungsweiser Arbeitsteilung

Bild 2.9 und Bild 2.10 zeigen den Vergleich von stück- und verrichtungsweiser Arbeitsteilung an einem System für Kleingeräte. Die Montage in Bild 2.9 zeigt eine **stückweise Montage**, in der manuell aus Kleinteilebehältern in **nur einer Montageposition** gearbeitet wird. Der Mitarbeiter arbeitet stückweise und baut ein Produkt komplett am Arbeitsplatz zusammen. In der schwarzen Grafik in Bild 2.9 sind die Bewegungen seiner Hände als Leuchtspur aufgezeichnet. Die weißen Linien zeigen, welcher Weg bei der Montage zurückgelegt werden muss.

Bild 2.10 zeigt einen Arbeitsplatz mit **Verrichtungsprinzip**. Die **Montageposition ist 15-mal vorhanden**. Der Werker kann damit in einem Auftrag 15 Produkte schrittweise fertigstellen. Der Arbeitsplatz besitzt eine Drehvorrichtung, die pneumatisch und elektrisch unterstützt arbeitet. Der gesamte Arbeitstisch mit den 15 Montagepositionen kann dadurch bewegt werden. Der Mitarbeiter löst hierzu die Drehbewegung per Fußschalter aus.

Zu Montage holt der Mitarbeiter die Teile aus den über der Montageposition positionierten Kleinteilebehältern, die sich in Bild 2.10 (Mitte) befinden. Der Werker fügt die zu montierenden Teile aus der im Bild grau gefärbten Schachtel mit kurzen Wegen in eine der 15 Montagepositionen, z.B. Nummer 3 des Drehtellers, ein und schaltet danach die Drehbewegung an. Nun wird Montagenummer 4 vor den Werker gestellt und der Montagevorgang beginnt erneut.

Bild 2.10 weist den Vorteil dieser Vorgehensweise aus. Die relativ kompakte Leuchtspur zeigt die kurzen Bewegungen des Mitarbeiters. Die Bewegungslängen fallen wesentlich geringer aus. Die Montage erfolgt dadurch schneller als bei der stückweisen Montage.

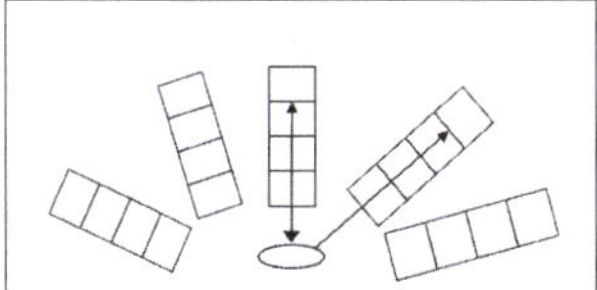

1 Montageposition

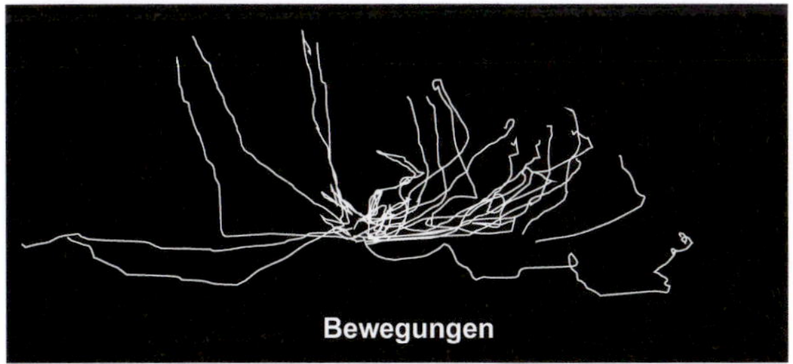

Bild 2.9 Montagesystem mit stückweisem Prinzip (in Anlehnung an Sigma)

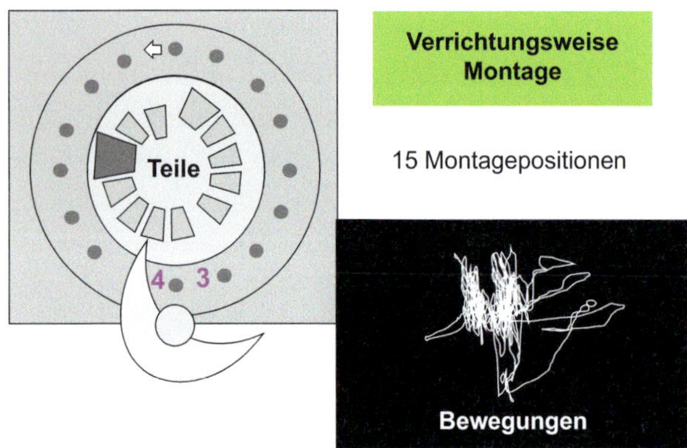

Bild 2.10 Montagesystem mit verrichtungsweisem Prinzip (in Anlehnung an Sigma)

Grenzen der verrichtungsweisen Montage liegen in der Größe der Bauteile oder Produkte und in mangelnder Prozess- oder Bewegungswiederholung. Produkte mit wenigen Einzelteilen, Losgröße 1 und großer Standfläche (> 1500 cm^2) kommen für verrichtungsweise Montage nicht infrage (Lotter/Schilling 1994).

Die Bewegungswiederholung wird vorzugsweise für

- Produkte mit 10 – 100 Einzelteilen und
- einer Produktgrundfläche unter 150 × 150 mm

angewendet. Stückweise Montage ist die wirtschaftliche Alternative für Produkte mit einer Grundfläche von mehr als 1500 cm^2. Im Bereich 1500 cm^2 < Fläche < 250 cm^2 muss die Rentabilität geprüft werden (Lotter/Schilling 1994).

2.2.2 Bewegte oder stationäre Montage

Je nachdem, ob das Produkt bei seiner Herstellung bewegt wird oder stationär an seinem Ort verweilt, spricht man von

- Platzprinzip bzw. Baustellenproduktion (stationär) oder
- Flussprinzip bzw. Fließfertigung (bewegt).

Stationäre Montageobjekte kennzeichnen das **Platzprinzip** und die **Baustellenmontage**. Diese Organisationsform findet vorwiegend im Maschinen- und Anlagenbau Anwendung. Wird bei Montageobjekten hoher Komplexität die Montage arbeitsteilig durchgeführt, bleiben die Objekte stationär und die Arbeitskräfte rücken weiter. In diesem Fall gleicht der Charakter einer Baustellenmontage.

Andernfalls muss das **Objekt zwischen den Montagestufen transportiert** werden (Lotter/Schilling 1994). Das **Objekt fließt**. Menschen und Maschinen sind stationär an Arbeitsplätzen angeordnet, die der Reihenfolge der Entstehung des Produkts entsprechen. Lotter spricht in diesem Zusammenhang auch von **Reihenmontage** (Lotter/Schilling 1994).

Platzprinzip bzw. Baustellenproduktion

Per Definition findet eine Baustellenproduktion statt, wenn sich das Montageobjekt an einem definierten Platz befindet und der Mitarbeiter und das Material zum Montageobjekt gebracht wird (siehe Bild 2.11). Das Produkt wird beispielsweise am Platz fertig montiert und danach zum Kunden abtransportiert. Die Durchlaufzeit entspricht der Summe aller aufeinanderfolgenden seriellen Einzelzeiten am Platz (REFA Bundesverband e. V. 1991a).

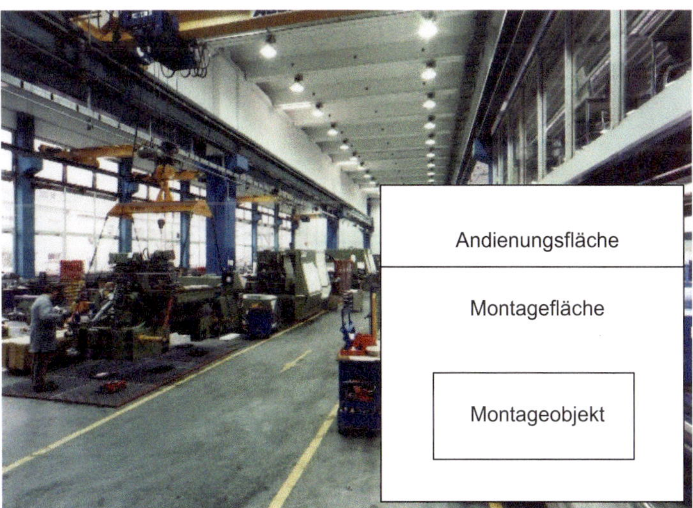

Bild 2.11 Platzmontage von Werkzeugmaschinen (© Maximilian Schmidt 1991, in Anlehnung an Schmidt 1992)

Die Methode wird in den folgenden Situationen eingesetzt:

- wenn das Produkt nicht bewegt werden kann
- wenn das Produkt beim Transport beschädigt werden kann
- bei einmaliger Erstellung

Typische Einsatzgebiete sind die Gebäudeerstellung, der Sonderfahrzeugbau sowie der Maschinen- und Anlagenbau (Lotter/Schilling 1994).

Die Methode hat folgende Nachteile:

- Alle Teile müssen an der Bereitstellungsfläche für die Montage vorhanden sein. Dies erzeugt gegebenenfalls Platzprobleme.
- Die minimale Durchlaufzeit entspricht der Gesamtmontagezeit (Lotter/Schilling 1994) und verlängert sich bei Problemen mit der Teilebereitstellung oder personellen Engpässen. Lieferzeiten werden so schwer planbar.
- Bei unterschiedlichen Monteuren bzw. Qualifikationen kann es zu Reibungsverlusten kommen (REFA Bundesverband e. V. 1991a).

Flussprinzip bzw. Fließfertigung

Bei der Fließfertigung, auch Reihenfertigung genannt, bewegt sich das zu erstellende Produkt von einem Arbeitsplatz zum nächsten. Das System arbeitet arbeitsteilig nach dem Prinzip der stückweisen Artteilung (siehe Bild 2.7). Mensch und Betriebsmittel sind dem Arbeitsplatz fest zugeordnet. Die Montagesysteme sind entsprechend der Folge der Arbeitsvorgänge in der Produktentstehung angeordnet. Die Montagevorgänge sind auf mehrere Arbeitsplätze aufgeteilt und die Montagearbeitsplätze sind starr oder lose miteinander verkettet (REFA Bundesverband e. V. 1991a).

Ford ist einer der bekanntesten Vertreter dieses Systems, welches er in seinen Montagehallen in Detroit einsetzte. Ford transportierte die Arbeit von einem Mitarbeiter zum anderen, sodass Baugruppen zu einer Endmontagelinie gebracht wurden, die das fertige Fahrzeug lieferte. Ungeachtet der früheren Verwendung dieses Prinzips wurde bei Ford in den Jahren 1908 bis 1913 die direkte Abfolge der Massenproduktion unter verstärkter Automation eingeführt (Sorensen 2003).

Bild 2.12 zeigt eine Endmontagelinie im Jahr 1999, die nach diesem Prinzip arbeitet. Links im Bild sind die Behälter mit Einzelteilen zu sehen, rechts die kontinuierlich bewegten Karosserien eines Mittelklassefahrzeugs. Die Türen des Produkts sind ausgebaut, um den Mitarbeitern die Arbeit im Inneren des Wagens zu erleichtern und Beschädigungen der Türen zu vermeiden. Dies erlaubt auch, die Bauteile ca. 700 mm näher an das Montageband zu stellen und im gezeigten Fall 2 % Produktivität zu gewinnen. Die Werker montieren im Fahrzeug. In der Bildmitte sind die Versorgungsschläuche für Druckluft und Strom zu erkennen, die für die Werkzeuge benötigt werden.

Bild 2.12 Montage nach dem Flussprinzip (© Maximilian Schmidt 1998)

Je nach Bewegungsart unterscheidet man zwischen

- kontinuierlicher Bewegung (das Objekt bewegt sich ständig, Montagemittel und Personal bewegen sich mit dem Montageobjekt) und
- intermittierender Bewegung (das Objekt bleibt zur Montage stehen).

Bei kontinuierlicher Bewegung fährt der Werker mit dem Objekt mit, bis er seine Arbeitsinhalte vollzogen hat. Danach muss er zum Folgeprodukt zurücklaufen. Bei schwankenden Arbeitsinhalten kann dies zu Problemen führen. Bei kleineren Arbeitsinhalten, wie beispielweise einem zweitürigen Fahrzeug, werden die Werker weniger Zeit am Fahrzeug benötigen als an einem viertürigen Modell. Im ersten Fall werden sie weniger weit in Richtung Montagefortschritt bewegt.

In Bild 2.13 wird zur Verdeutlichung das Beispiel des Bemalens von drei Eiern mit unterschiedlichen Arbeitsinhalten eingesetzt. Arbeitsinhalt 3 umfasst 80 Sekunden und ist damit doppelt so lang wie Arbeitsinhalt 1. Der Maler wird doppelt so weit in Richtung des Montageendes mitgeschleppt. Mischt man nun die Arbeitsinhalte derart, dass im Schnitt eine **mittlere Arbeitsbelastung** von 60 Sekunden erreicht wird, kann der Werker sich bei geringeren Arbeitsinhalten gegen den Montagefluss vorarbeiten und die längeren Wege bei Arbeitsinhalt 3 ausgleichen.

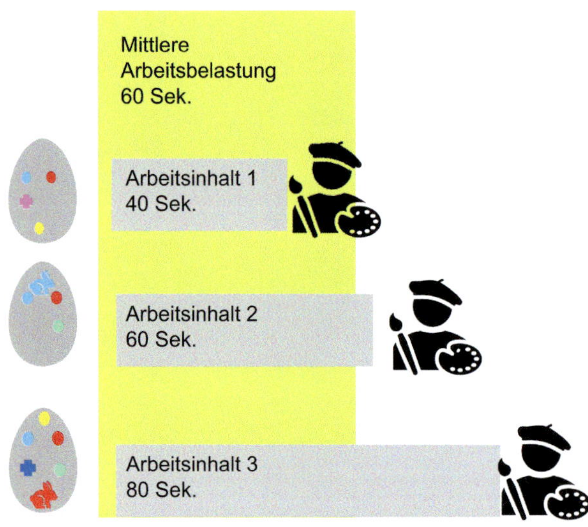

Bild 2.13 Mittlere Arbeitsbelastung bei kontinuierlicher Bewegung

Die kontinuierliche Bewegung der Montageobjekte, wie in der in Bild 2.12 dargestellten Endmontagelinie, hat den Vorteil, dass die Taktzeit für den Werker physisch vorgegeben ist, das Fahrzeug aber nach Ablauf der vorgegebenen Zeit nicht abrupt aus dem Arbeitsplatz verschwindet. Ein Ausgleich, wie in Bild 2.13 beschrieben, ist damit möglich.

Intermittierende Objektbewegungen finden dann statt, wenn das Montageobjekt bei der Produktion aus technischen Gründen nicht bewegt werden darf. Beispiele hierfür sind der Automobilrohbau und die Schweißerei. Das Montageobjekt wird im Takt von einem Arbeitsplatz zum nächsten transportiert, bleibt dort einen Montage- oder Fertigungszyklus stehen und verlässt danach den Platz zur weiteren Montage.

Alle verketteten Arbeitsplätze arbeiten im gleichen Zeitfenster. Die vorgegebene Zykluszeit wird dem größten Arbeitsinhalt angepasst, weil der Werker den größten Arbeitsinhalt schaffen muss. Dies wäre in Bild 2.13 der Arbeitsinhalt 3 mit 80 Sekunden. Nachteil dieser Methode ist, dass alle Arbeitstakte der verketteten Montagelinie den Fluss von 80 Sekunden pro Arbeitstakt nutzen müssen und so gemäß Bild 2.14 rund 33 % mehr Arbeitsplätze benötigt werden, um denselben Ausstoß an Produkten zu erreichen. Grund dafür ist, dass die Monteure im Fall einer Arbeitsinhaltgruppe 1 nun 50 % Wartezeiten ohne Wertschöpfung hinnehmen müssen.

Bild 2.14
Vergleich von Average Workload und Maximum Workload am Beispiel

Die Methode der Fließfertigung wird in folgenden Fällen eingesetzt:

- um durch die Bewegung einen Zwang zum Fertigwerden hervorzurufen und die Produktivität zu steigern
- um die Durchlaufzeit zu minimieren
- in der Serien- und Massenproduktion

Typische Einsatzgebiete sind Automobilbau, Elektrotechnik und Elektromechanik, Haushaltsgeräte (Kühlschränke, Spülmaschinen etc.) sowie Massenprodukte wie Lampen etc.

2.2.3 Handlungsempfehlung für die Prozessanordnung in der Montage

Die zuvor beschriebenen Möglichkeiten, die Prozesse in der Montage

- in Mengen- oder Artteilung aufzuteilen,
- bei Artteilung einzeln oder in Losen zu bearbeiten (stück- und verrichtungsweise Montage) sowie
- das Produkt zu bewegen oder am Platz zu montieren,

sollen hier in eine qualitative Handlungsempfehlung eingebunden werden.

Bild 2.15 zeigt die wesentlichen Einsatzgebiete für Art- und Mengenteilung:

- Mengenteilung sollte für kleine Stückzahlen mit geringem Montageumfang verwendet werden.

- Stückweise Artteilung kommt für Aufträge in der Serien- und Massenproduktion, bei LG1 und bei großen Bauteilen sowie vielen Einzelteilen zum Einsatz.
- Verrichtungsweise Artteilung kann bei losweiser Montage kleiner Produkte Kosten sparen.

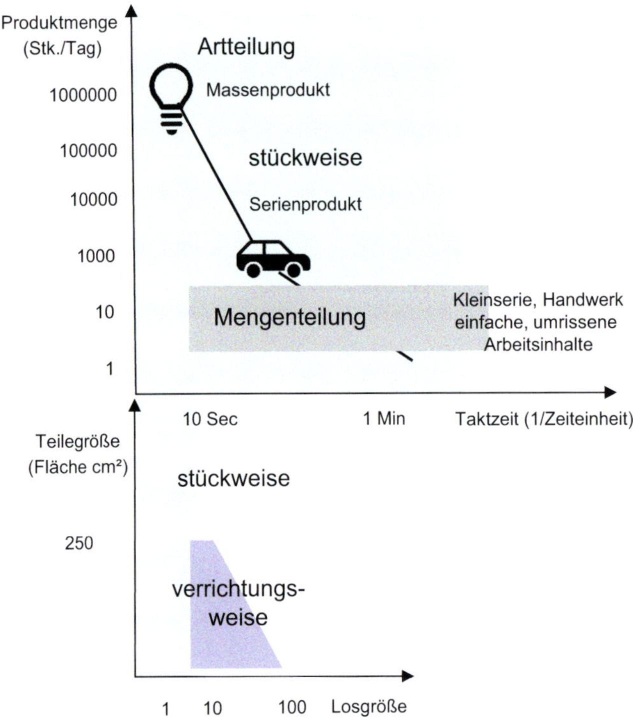

Bild 2.15 Anwendungsempfehlung für Art- und Mengenteilung

Bei der Wahl zwischen bewegtem Flussprinzip und stationärer Baustellenproduktion kann man grundsätzlich empfehlen, das Produkt, wenn möglich, fließen zu lassen. Nur wenn die Dimensionen, die Fragilität oder die Masse eines Produkts dem Transport widersprechen, sollte Baustellenmontage in Betracht gezogen werden (siehe Bild 2.16).

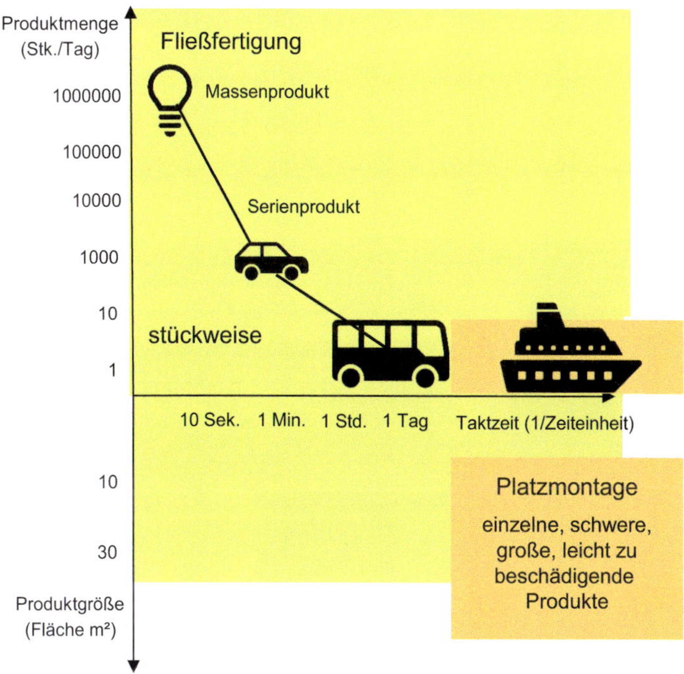

Bild 2.16 Anwendungsempfehlung für Fließfertigung und Platzmontage

2.3 Manuelle, mechanisierte und automatisierte Montage

In der Produktion arbeiten Montagesysteme durch ein Zusammenwirken von drei Produktionsfaktoren: Mensch, Maschine und Rohstoff/Energie. Je nach Anteil der maschinellen Komponenten unterscheidet man zwischen folgenden Montagesystemen (Lotter/Schilling 1994):

- manuelle Montage
- mechanisierte oder teilautomatisierte Montage
- automatisierte Montage

2.3.1 Manuelle Montagesysteme – Produktion ohne Maschine

Eine **Produktion ohne Einsatz einer Maschine** erfolgt im direkten Zusammenspiel des Menschen mit dem Rohmaterial bzw. mit den zu fügenden Teilen. Die Flexibilität in diesen Systemen ist durch die rein menschliche und manuelle Handhabung am höchsten.

Die **manuelle Montage** belastet den Menschen unter anderem durch das Gewicht der zu montierenden Teile, die Kräfte, die zum Fügen aufgebracht werden müssen, die Häufigkeit der Tätigkeit, die erforderliche Geschwindigkeit einer Bewegung oder die nötige Konzentration bei exakt auszuführenden Prozessen. Die Grenzen der manuellen Tätigkeit sind dabei durch die physische und psychische Leistungsfähigkeit des Menschen gesetzt.

Bild 2.17 Manuelle Montage von Klimaanlagen (© Maximilian Schmidt 2002)

Der Fremdeinfluss ist bei rein menschlicher Arbeit, sieht man von fehlenden Teilen oder störenden Mitarbeitern ab, gering. Der Mitarbeiter kann die Geschwindigkeit seiner Arbeit vollständig beeinflussen und die Zeit für das Ausführen des Arbeitsablaufs hängt ausschließlich vom Menschen ab (REFA Bundesverband e.V. 1992).

Als vollbeinflussbare Tätigkeit erfüllt diese Arbeitsform die Voraussetzung für die Leistungsbewertung nach REFA unter Anwendung der REFA-Normalleistung (REFA Bundesverband e.V. 2017a). Auch für den Einsatz von Systemen vorbestimmter Zeiten (SvZ) wie das MTM-Verfahren[2] ist die manuelle Arbeit Grundvoraussetzung.

Manuelle Arbeitssysteme eignen sich deshalb am besten für die Vorgabe der Produktionszeiten und den Einsatz leistungsabhängiger Lohnsysteme (REFA Bundesverband e. V. 2017b).

2.3.2 Mechanisierte oder teilautomatisierte Montage – Mensch und Maschine

In einem teilautomatisierten System unterstützen Maschinen den Menschen. Dies wird nötig, wenn die Produktionsprozesse das menschliche Leistungsvermögen übersteigen bzw. wenn der Mensch den Prozess aus Sicherheitsgründen nicht durchführen kann oder durch diesen gefährdet ist.

Als begrenzende Faktoren können sowohl gesetzliche Vorgaben als auch persönliche Grenzen beispielhaft angeführt werden:

- Produktmasse: Die Grenzwerte liegen bei 40 kg für Männer und bei 25 kg für Frauen (Bundesanstalt für Arbeitsschutz und Arbeitsmedizin 2021b).
- große Abmessungen der Bauteile
- Prozessgeschwindigkeit: menschlicher Transport nicht schneller als 3,6 km/h (Pekrul)
- Raumtemperatur: mindestens 12 °C beim Gehen und Stehen sowie 19 °C beim Sitzen (Bundesanstalt für Arbeitsschutz und Arbeitsmedizin 2021a)
- Genauigkeit und Zuverlässigkeit, z. B. Positioniergenauigkeit < 0,01 mm
- Kraftaufwendung: statisch oder dynamisch
- ionisierende Strahlung < 400 mSv pro Kalenderjahr (Bundesministerium der Justiz und für Verbraucherschutz 2021)
- Handhabung von Gefahrstoffen, wie beispielsweise Asbest oder polychlorierte Biphenyle (PCB) (Bundesanstalt für Arbeitsschutz und Arbeitsmedizin, GefStoffV)

Bild 2.18 zeigt ein teilmechanisiertes Montagesystem in der Elektronikproduktion. Der Mensch führt einen elektrischen Schrauber zur Wirkstelle und löst manuell den Schraubprozess aus. Danach fügt er per Hand die Leiterplatte in ein Gehäuse.

---

[2] Das MTM-Verfahren (Methods-Time Measurement) ist das in Deutschland verbreitetste System vorbestimmter Zeiten. Die Bausteine des MTM-Datensystems werden zur Analyse (Beschreibung) und zur Planung manueller Arbeitsabläufe kombiniert (REFA Bundesverband e. V. 2011).

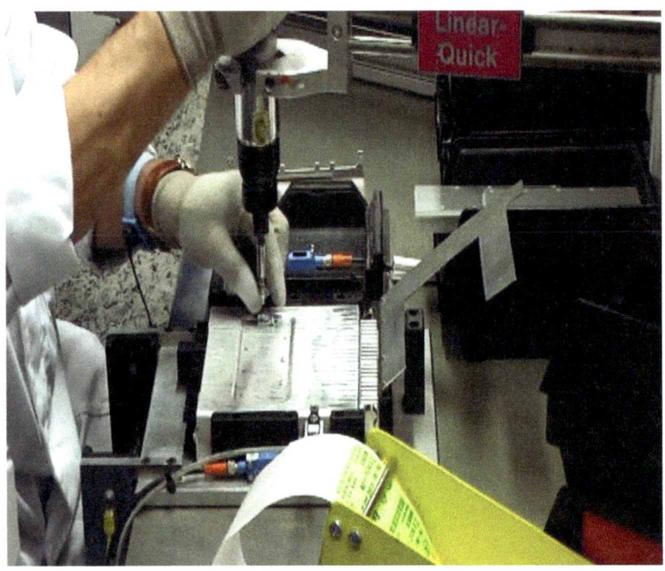

Bild 2.18 Teilmechanisiertes Produktionssystem (© Maximilian Schmidt 2002): Der Wirkungsgrad des Gesamtsystems berechnet sich bei einer direkten Kopplung vom Menschen an eine Maschine durch eine Multiplikation beider Wirkungsgrade bzw. Leistungsangebote.

Bei derartigen Systemen steigt im Vergleich zu rein manuellen Montagen der Fremdeinfluss durch die eingesetzten maschinellen Komponenten. Störungen, z.B. am Schrauber oder Wartezeiten auf das Prozessende beim Schrauben, können die Arbeit der Mitarbeiter verzögernd beeinflussen. Die Produktivität dieser Systeme hängt vom Zusammenspiel des Menschen und der Maschinen ab.

Der Gesamtwirkungsgrad eines teilmechanisierten Systems berechnet sich durch folgende Multiplikation:

$$\eta_{mensch} \cdot \eta_{maschine}$$

In der Regel wird der Leistungsgrad einer Maschine mit 100% angenommen. Bei korrekter Planung sollte jedoch auf die Erfahrungswerte, beispielweise der Instandhaltung, zurückgegriffen werden.

Bild 2.19 weist die Ausfälle von Schweißanlagen im Automobilrohbau aus, die durch rot gekennzeichnete Störungen hervorgerufen werden. Die Stillstände an den Maschinen der Schweißzellen sind rot dargestellt. Die Ausfallraten an den Schweißgeräten schwanken je nach Anlage zwischen ca. 8% und 15%. Die restlichen Stillstände, die blau, gelb und grün markiert sind, verursachen logistische Probleme wie fehlende Transportpaletten und fehlende Teile.

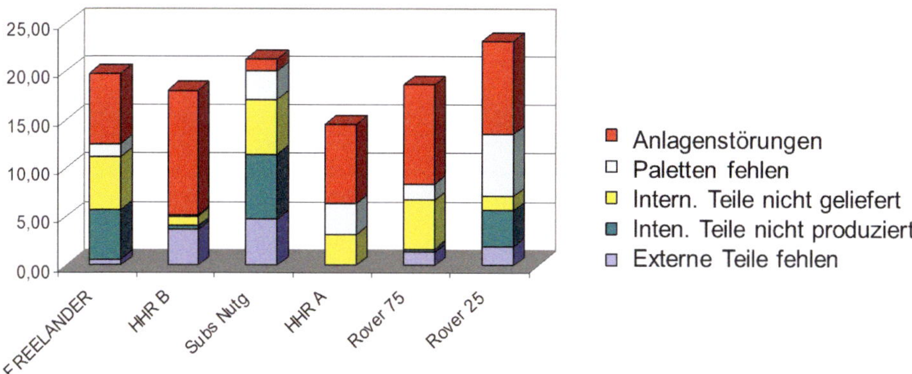

Bild 2.19 Ausfall von Schweißanlagen im Automobilrohbau (Quelle: Schmidt 1999)

Auch das Leistungsangebot des Menschen schwankt und wirkt sich ausbringungsmindernd aus. Bild 2.20 zeigt, dass das Leistungsangebot des Menschen nicht statisch stabil zu planen ist, sondern täglichen Veränderungen unterliegt. Dies ist insbesondere bei Schichtbetrieb in die Planung miteinzubeziehen.

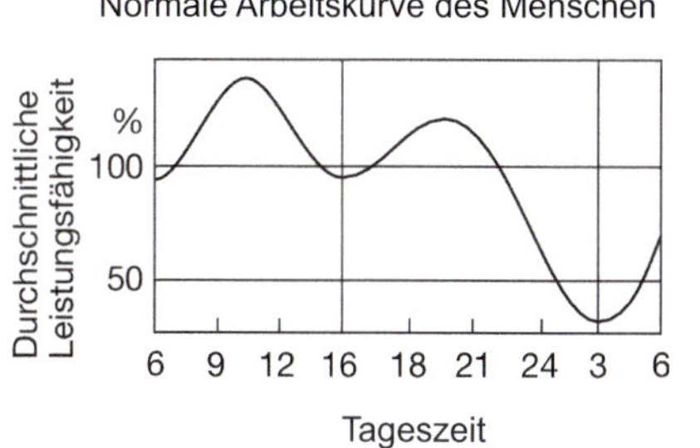

Bild 2.20 Leistungsschwankung menschlicher Arbeit (in Anlehnung an Bartscher 2021)

REFA spricht bei teilmechanisierten Montagesystemen von bedingt beeinflussbaren Abläufen, da der Mensch das Ausführen des Arbeitsablaufs nur teilweise beeinflussen kann (REFA Bundesverband e.V. 2017c). Beeinflussbar wären beispielsweise der manuelle Montagevorgang oder ein händischer Teiletransport, nicht beeinflussbar sind alle maschinellen Prozesse wie der in Bild 2.18 dargestellte Schraubvorgang.

REFA und MTM fordern den Planer auf, die unbeeinflussbaren Teile des Arbeitsprozesses bei der Bildung von Vorgabezeiten in eigenen Ablaufabschnitten herauszufiltern. Je höher der Anteil an unbeeinflussbaren Maschinenprozessen ist, desto weniger kann der Mensch durch etwaige Leistungssteigerungen Einfluss nehmen. Das System ist für die Vorgabe der Produktionszeiten und den Einsatz leistungsabhängiger Lohnsysteme nur bedingt geeignet.

2.3.3 Automatisierte Montage - Systeme ohne Menschen

Automatische Produktionssysteme arbeiten im Produktionsprozess ohne Menschen. Die Montage wird als **unbeeinflussbar** bezeichnet, wenn der Mensch nicht mutwillig negativen Einfluss nimmt. Der menschliche Einsatz beschränkt sich auf das Überwachen, die Wartung und die Instandhaltung des Systems.

Gründe für den Einsatz von Automatisierungstechnik sind im Wesentlichen Kostenvorteile gegenüber der manuellen Produktion (siehe Bild 2.21). Prozesse mit hoher Wiederholhäufigkeit stehen dabei im Vordergrund der Planungen.

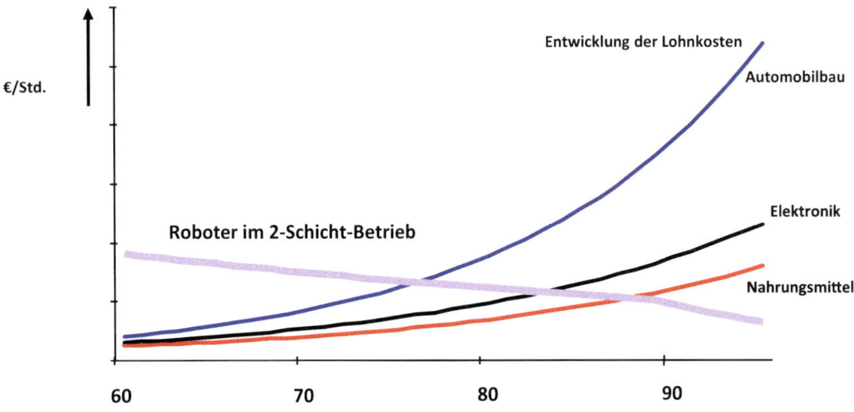

Bild 2.21 Kostenvorteile durch den Einsatz von Automatisierungstechnik (in Anlehnung an U. S. Department of Labor/Robotic Industries Association 1998)

Der Einsatz von Industrierobotern ist dabei nicht nur auf Hochlohnländer beschränkt. Bild 2.22 zeigt deren weltweise Verteilung. Abgesehen von den Kostengesichtspunkten werden Industrieroboter eingesetzt, wenn der Mensch den Montage- oder Fertigungsprozess nicht ausführen kann oder diesen gefährdet. Dies ist beispielweise bei einer Präzision im Bereich von 0,001 mm beim Positionieren gegeben oder bei Inspektionsanforderungen, die dem Menschen eine Konzentration abfordern, die dauerhaft nicht durchgeführt werden können. Auch bei Montagetätigkeiten in Reinräumen gefährdet der Mensch den Prozess durch potenzielle Kontamination.

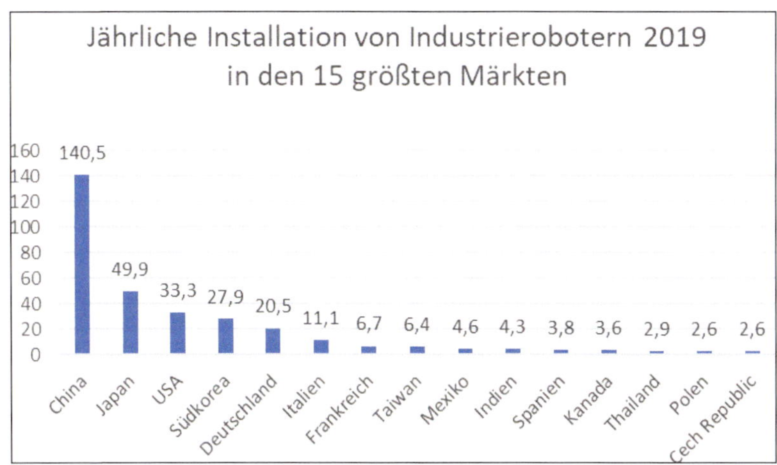

Bild 2.22 Weltweite Roboterdichte (in Anlehnung an International Federation of Robotics 2020)

Ein weiterer Grund für den Einsatz von Automatisierungstechnik ist gegeben, wenn der Montageprozess für den Menschen gefährlich ist und es zu einer gesundheitlichen Gefährdung kommen kann. Bei der industriellen Montage von Pneumatikventilen nehmen die Arbeiter O-Ringe, vermengen diese per Hand mit Silikon und fügen die Dichtelemente auf die Schaltelemente. Danach bauen sie das Ventil zusammen. Hierbei kommt es zu einer Kontamination der Menschen mit Silikon, weil das Gleitmittel durch die Haut in den Körper eindringt und sich dort einlagert. Um diese Gesundheitsgefahr zu beenden, wird im Rahmen umfangreicher Studien an der Technischen Universität München eine Montagezelle entwickelt, die den Montageprozess vollautomatisiert löst.

In Bild 2.23 führt ein kardanisch aufgehängter Industrieroboter der Firma ABB die umfangreichen Montagetätigkeiten an dem Pneumatikventil aus. Das Automatisierungsgerät fügt dabei unter anderem teflonbeschichtete O-Ringe auf den Schaltkolben und die Schaltelemente und weitet die Dichtelemente nur 0,1 mm über das lichte Maß der Bauteile auf. Danach beschichtet eine Vorrichtung die Laufflächen im Inneren der Ventile mit Silikon, bevor das Ventil automatisch zusammengebaut wird.

Bild 2.23 Automatisierte Montage von pneumatischen Ventilen (Quelle: Schmidt 1992)

Folgende Kriterien sprechen für den sinnvollen Einsatz automatisierter Produktionssysteme (siehe Bild 2.24):

- Es handelt sich um Vorgänge, die häufig (also im Stückzahlbereich einer Großserie oder Massenproduktion) durchzuführen sind. Dies gilt sowohl bei der Produktion mit Maschinen als auch in der Montage.
- Es handelt sich um Vorgänge, die der Mensch nicht durchführen kann oder die er gefährdet. Dies kann durchaus auch im geringeren Stückzahlbereich zum Tragen kommen. Beispielhaft seien hier Montagetätigkeiten im Reinraum, die Bearbeitung zum Einpassen von Hüftgelenken in der Medizintechnik oder Messaufgaben beim Prüfen von Automobilkarosserien genannt.
- Es handelt sich um Vorgänge, die eine Gefahr für den Menschen darstellen oder die in einer Umgebung ausgeführt werden müssen, die den Menschen gefährdet. Dies greift bei allen Stückzahlbereichen – von der Kleinserie (z.B. Handhaben von Brennstäben in einem Kernkraftwerk) über das automatisierte Betanken in der Automobilindustrie bis zur automatisierten Montage von pneumatischen Ventilen (siehe Bild 2.23).

Bild 2.24 Einsatzfälle von Automatisierungstechnik in der Produktion

Literatur

Bartscher, T.: Physiologische Arbeitskurve. Unter Mitarbeit von Regina Nissen. In: Gabler Wirtschaftslexikon. 2021. *https://wirtschaftslexikon.gabler.de/definition/physiologische-arbeitskurve-46116/version-269402* (zuletzt aktualisiert am 13.04.2021)

Bibliografisches Institut GmbH (Hrsg.): Bedeutung von „Kontrolle“ laut Duden. 2021. *https://www.duden.de/rechtschreibung/Kontrolle*

Bundesanstalt für Arbeitsschutz und Arbeitsmedizin (BAuA): Gefahrstoffverordnung (GefStoffV). *https://www.baua.de/DE/Themen/Arbeitsgestaltung-im-Betrieb/Gefahrstoffe/Arbeiten-mit-Gefahrstoffen/Gefahrstoffverordnung/Gefahrstoffverordnung_node.html* (zuletzt geprüft am 13.04.2021)

Bundesanstalt für Arbeitsschutz und Arbeitsmedizin (BAuA): Technische Regeln für Arbeitsstätten. ASR A3.5 – Raumtemperatur. 2021a. *https://www.baua.de/DE/Angebote/Rechtstexte-und-Technische-Regeln/Regelwerk/ASR/pdf/ASR-A3-5.pdf?__blob=publicationFile*

Bundesanstalt für Arbeitsschutz und Arbeitsmedizin (BAuA): Gefährdungsfaktoren. 2021b. *https://www.baua.de/DE/Themen/Arbeitsgestaltung-im-Betrieb/Gefahrstoffe/Arbeiten-mit-Gefahrstoffen/Gefahrstoffverordnung/Gefahrstoffverordnung_node.html*

Bundesministerium der Justiz und für Verbraucherschutz: Gesetz zum Schutz vor der schädlichen Wirkung ionisierender Strahlung (Strahlenschutzgesetz – StrlSchG). §77 Grenzwert für die Berufslebensdosis. 2021. *https://www.gesetze-im-internet.de/strlschg/__77.html*

COTRIS: Die 7 R in der Logistik. logistik konzepte software GmbH, Dietmannsried 2021. *https://www.cotris.com/was-sind-die-7-r-in-der-logistik* (zuletzt geprüft am 10.04.2021)

DIN 8593: Fertigungsverfahren Fügen – Teil 0: Allgemeines; Einordnung, Unterteilung, Begriffe

International Federation of Robotics (IFR): World Robotics Report 2020. 2020. *https://ifr.org/ifr-press-releases/news/record-2.7-million-robots-work-in-factories-around-the-globe*

Lotter, B./Schilling, W.: Manuelle Montage. VDI Verlag GmbH, Düsseldorf 1994

Martin, H.: Transport- und Lagerlogistik. Planung, Aufbau und Steuerung von Transport- und Lagersystemen. 3. Auflage. Vieweg & Sohn, Wiesbaden 2000

Pekrul, S.: Schrittgeschwindigkeit in km/h – so schnell bewegen sich Fußgänger. *https://www.helpster.de/schrittgeschwindigkeit-in-km-h-so-schnell-bewegen-sich-fussgaenger_127854*

REFA Bundesverband e. V.: Arbeitsgestaltung in der Produktion. Methodenlehre der Betriebsorganisation. Carl Hanser Verlag, München 1991a

REFA Bundesverband e. V.: Grundlagen der Arbeitsgestaltung. Methodenlehre der Betriebsorganisation. Carl Hanser Verlag, München 1991b

REFA Bundesverband e. V.: REFA-Methodenlehre des Arbeitsstudiums. Teil 2: Datenermittlung. 7. Auflage. 1992

REFA Bundesverband e. V.: Ausgewählte Methoden zur prozessorientierten Arbeitsorganisation. REFA-Modulkonzept für Kooperationen in der Aus- und Weiterbildung. REFA-Sonderdruck Methodenteil. Darmstadt 2002

REFA Bundesverband e. V.: Industrial Engineering. Standardmethoden zur Produktivitätssteigerung und Prozessoptimierung. Carl Hanser Verlag, München 2011

REFA Bundesverband e. V.: REFA Grundausbildung 1.0. Modul 11: Leistungsgradbeurteilung. Lehrunterlage. Darmstadt 2017a

REFA Bundesverband e. V.: REFA Grundausbildung 1.0. Modul 17: Systeme vorbestimmter Zeiten. Lehrunterlage. Darmstadt 2017b

REFA Bundesverband e. V.: REFA-Grundausbildung 1.0. Teil 1: Analyse und Gestaltung von Prozessen, Arbeitsdatenmanagement 1. Darmstadt 2017c

REFA Bundesverband e. V.: Was ist REFA? 2021. *https://refa.de/service/refa-lexikon/was-ist-refa*

Schmidt, M.: Konzeption und Einsatzplanung flexibel automatisierter Montagesysteme. Springer, Berlin/Heidelberg/New York 1992

Schmidt, M.: Ausfall von Schweißanlagen im Automobilrohbau. Herausgegeben von Maximilian Schmidt. 1999

Sigma: Produktinformation. Prospekt

Sekine, K.: Produzieren ohne Verschwendung. Der japanische Weg zur schlanken Produktion. Herausgegeben von Jürgen Diegruber und Burkhard Meister. Verlag Moderne Industrie, Landsberg 1995

Sorensen, C. E.: My Forty Years with Ford. Unter Mitarbeit von Samuel T. Williamson: Wayne State University Press 2003

Tschätsch, H.: Praktische Betriebswirtschaftslehre. Lehr- und Arbeitsbuch. 2. Auflage. Friedr. Vieweg & Sohn, Braunschweig/Wiesbaden 1996

U. S. Department of Labor/Robotic Industries Association: Entwicklung der Lohnkosten. 1998

3 Wertprozesse (WP)

3.1 Wertschöpfung im Toyota-Produktionssystem (TPS)

Weit ab vom Taylorismus der Massenproduktion und den innovativen Arbeitsformen entwickelte sich in Japan um 1949 ein Produktionsmodell, das sich seit 1990 schlanke Produktion (Lean Production) nennt. Es handelt sich um das weltweit am meisten kopierte Produktionssystem - das Toyota-Produktionssystem (TPS) (Womack et al. 1991).

Das oberste Ziel Toyotas ist es, konkurrenzfähige und qualitativ hochwertige Fahrzeuge kundenorientiert zu fertigen. Dazu bilden sie sehr leistungsfähige und eigenverantwortliche Arbeitsgruppen und konzentrieren sich auf die Fehlervermeidung durch jeden einzelnen Mitarbeiter. Schnellere Werkzeugwechsel sorgen für einen flexibleren Einsatz der Maschinen. Zulieferunternehmen werden vollständig in den Produktionsablauf integriert. Aus all diesen Komponenten entwickelt sich ein System höchster Prozessbeherrschung, Problemlösungskompetenz und enormer Flexibilität (Bösenberg/Metzen 1995). Toyota hat damit den Grundstein für ein Produktionssystem geschaffen, das die Herstellung vieler Modelle in kleinen Stückzahlen möglich macht (Sekine 1995).

Hierbei wendet Toyota verschiedene Methoden und Werkzeuge an, die letztlich alle der Vermeidung von Verschwendung, der Kostenreduzierung im Produktionsablauf und der Wertschöpfungsoptimierung der Arbeit dienen. Der Begriff „Arbeit mit Wertschöpfung“ findet im TPS dabei die in Bild 3.1 dargestellte Definition: Sie umfasst eine sogenannte Netto-Arbeit und einen weit größeren Bereich von „nicht direkt wertschöpfenden Arbeiten“. Im Begriff „Arbeit mit Wertschöpfung“ sind demnach auch logistische Prozesse enthalten, um Teile zu holen und umzusetzen oder auch um beispielsweise Bedienungselemente zu betätigen.

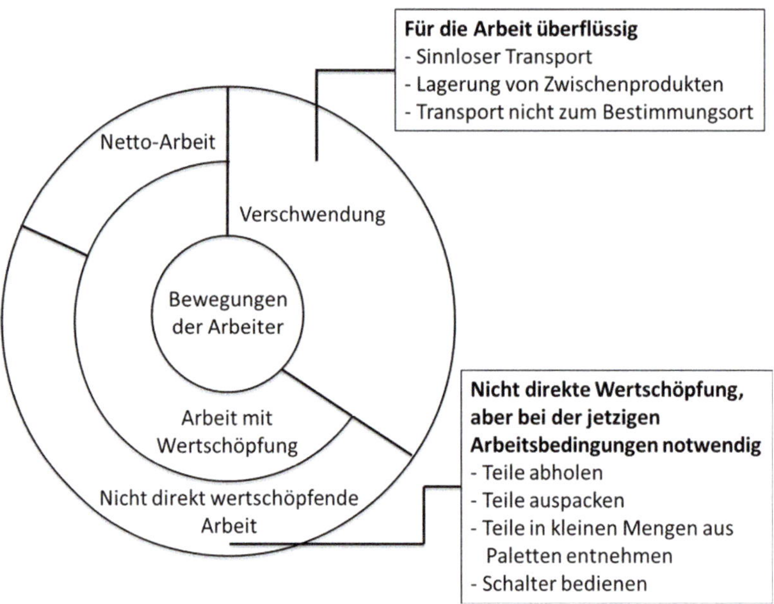

Bild 3.1 Wertschöpfung im Toyota-Produktionssystem (in Anlehnung an Ohno 1993)

Toyota verfolgt den Weg, den Anteil von Arbeit mit Wertschöpfung an den Bewegungen der Arbeiter möglichst hoch zu gestalten. Verschwendung wie Leer- oder Wartezeiten, sinnlose Tätigkeiten, doppelte Handhabung oder Zwischenlagerungen sind zu vermeiden.

Um den Anteil der wertschöpfenden Arbeit an den Bewegungen der Menschen in einem Montagesystem genauer zu analysieren, wird die Toyota-Logik in dem in Abschnitt 3.2 dargelegten Beispiel angewendet. Ziel ist es, die Verschwendungsanteile zu messen.

3.2 Analyse der Wertschöpfungsanteile einer manuellen Montage nach dem Toyota-Produktionssystem

Als Beispielprodukt dient eine Lüfterbaugruppe der Klimaanlage des Porsche Panamera. Sie besteht aus den in Bild 3.2 abgebildeten Bauteilen und zwei Schrauben. Die Produktion wird, bei einer Montage- oder Zykluszeit von ca. 70 Sekunden, manuell im Einschichtbetrieb vollzogen. Grundlage der Analyse bildet eine Videoaufnahme der Montage am Originalmontageplatz.

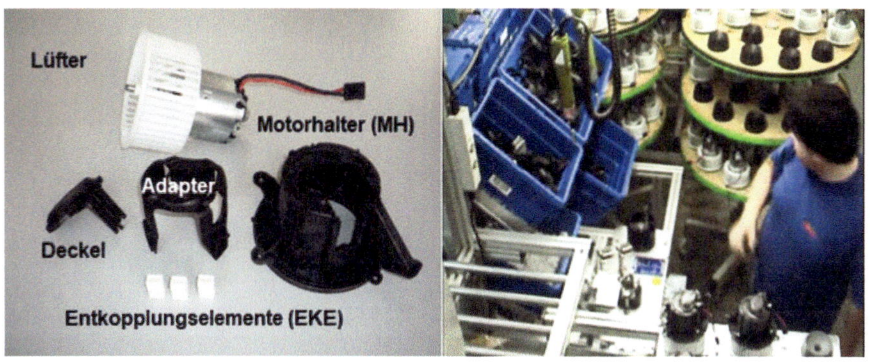

Bild 3.2 Lüfterbauteile ohne Schrauben und manueller Montagearbeitsplatz (© Maximilian Schmidt 2003)

Das Ziel ist es, den Anteil der nicht wertschöpfenden Verschwendung an der Montagezeit zu berechnen.

In der Analyse wird diese Aufnahme mit dem Programm ORTIMzeit™ [1] bearbeitet. Im ersten Schritt teilt der Planer den gesamten Montageablauf des Films durch das Definieren einzelner Messpunkte in Ablaufabschnitte ein. Ein Messpunkt kennzeichnet den Beginn oder das Ende eines Abschnitts. Der zweite Schritt weist den Ablaufabschnitten eine Zeitart zu und unterscheidet dabei **wertschöpfend (= wert)** oder **nicht wertschöpfend**.

Anschließend wertet der Planer die wertschöpfenden und nicht wertschöpfenden Ablaufabschnitte aus und bestimmt deren Zeitanteile an der gesamten Montagezeit. Die so vorgenommene Analyse der Wertschöpfung dieser Montagetätigkeit ergibt einen Anteil an der Zykluszeit von über 80 %.

Das Ergebnis lässt die Interpretation zu, dass der Arbeitsplatz als gut gestaltet angesehen werden kann. Der Verschwendungsanteil liegt unter 20 %.

Ablaufabschnitt	Beginn	Ende	Ablaufart
3 EKE einsetzen	Greifen zur Box	3 EKE in Motorhalter	wert
4 Adapter in MH	Greifen zur Box	in MH gesetzt	wert
5 MH Umsetzen	Greifen des MH	MH auf Lüfter	wert

Bild 3.3 Auszug aus der Videoanalyse der Lüfterbaugruppe nach TPS mit Wertzuordnung

[1] ORTIMzeit™ ist ein Werkzeug zur kompletten und übersichtlichen Aufbereitung von Zeitstudien. Es ermöglicht die Auswertung zyklischer und nicht zyklischer Zeitaufnahmen, Mischformen mit zyklischen und nicht zyklischen Ablaufabschnitten, Verteilzeitaufnahmen etc. (dmc-ortim GmbH 2021).

3.3 Der Begriff Wertprozess

Der von Toyota geschaffene Begriff der wertschöpfenden Arbeit soll im Folgenden näher untersucht werden. In Bild 3.1 gliedert sich die Arbeit mit Wertschöpfung in folgende Bereiche:

- Netto-Arbeit
- nicht direkt wertschöpfende Arbeit

Mit der Bezeichnung **Netto-Arbeit** bezeichnet das Toyota-Produktionssystem alle Prozesse, die den Wert eines Produkts steigern, während die „nicht direkt wertschöpfenden Arbeiten" zum Großteil logistische Prozesse beinhalten, die mit Wertschöpfung oder Wertsteigerung nichts zu tun haben. Nur die Netto-Arbeit steigert den Wert eines Produkts. Die weiterführende Betrachtung setzt den Begriff Netto-Arbeit mit dem Begriff **Wertsteigerung** gleich.

Um die Frage zu klären, welche Produktionsschritte diese Wertsteigerung herbeiführen, zeigt Bild 3.4 einen typischen Montagezyklus - das Kleben eines Etiketts: Der Werker muss bei diesem Vorgang zum Bauteil hinlangen, das zu fügende Etikett greifen oder aufnehmen, zur Fügestelle bewegen, es dort positionieren, befestigen und danach loslassen.

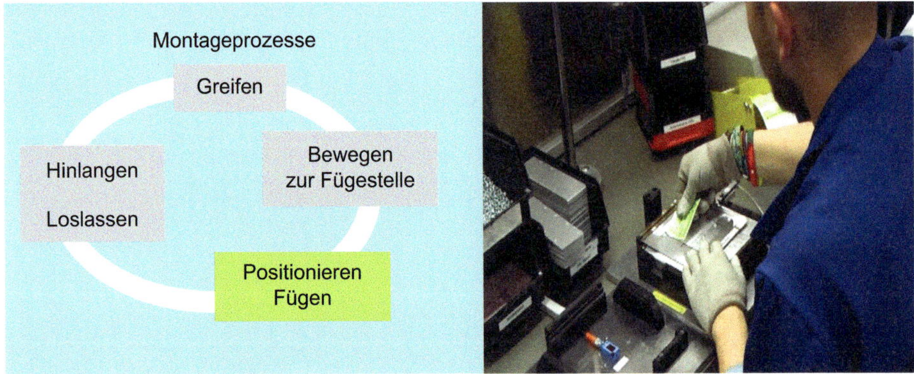

Bild 3.4 Etikettenmontage: Prozesse im Montagezyklus und am Montagearbeitsplatz (© Maximilian Schmidt 2003)

Bei der gezeigten Etikettenmontage steigt der Wert des in der Vorrichtung befindlichen Produkts erst, wenn das Bauteil positioniert und gefügt ist. Die Wertsteigerung am Produkt findet nur im Prozess des Fügens auf die Baugruppe statt.

Wertschöpfung in der Produktion bedeutet, dass ein Prozess den Wert des Produkts steigert. Diese Prozesse sollen im weiteren Verlauf **Wertprozesse (WP)** genannt werden.

Wertprozesse finden nur statt, wenn

- sich das Produkt wertmäßig positiv verändert oder
- das Produkt wertsteigernd lagert.

Betrachtet man die Prozesse in der Produktion nach DIN 8580, lassen sich Wertprozesse, die Lagerung ausgenommen, nach Bild 3.5 und Bild 3.6 einteilen:

- **formgebende Prozesse in der Fertigung**
- **Verbindungsprozesse in der Montage:** In der Montage kommen lösbare und nicht lösbare Verbindungsverfahren zum Einsatz. Außerdem kann der Wertprozess Fügen oder Verbinden direkt, also ohne zusätzliches Verbindungselement, oder indirekt ablaufen. Im letzteren Fall verbinden Elemente wie Schrauben, Stifte oder Niete die beiden Fügepartner.

Formschaffung	**Formänderung**		**Stoffänderung**
	Umformen	Trennen	
- Giessen - Sintern - Extrudieren - Sonderverfahren	- Biegen - Ultraschall-Verformung - Bördeln - Rollen - Schmelzen - etc.	- Stanzen - Fräsen - Sägen - Schleifen - Schneiden	- Erwärmen - Abkühlen - Magnetisieren - Härten - etc.

Bild 3.5 Veränderungsprozesse nach DIN 8580 (in Anlehnung an DIN 8580, 1985)

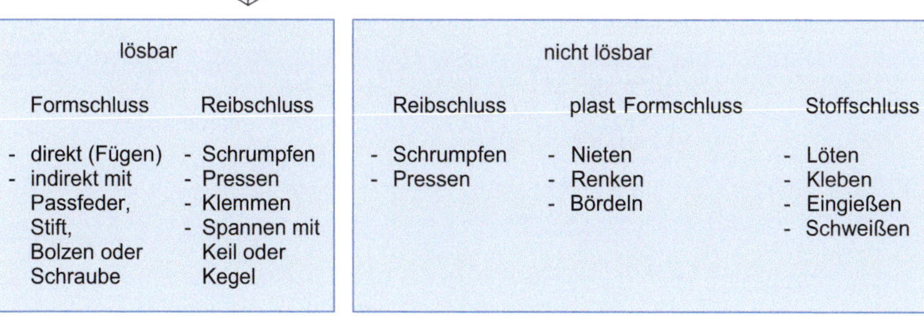

Bild 3.6 Montageprozesse (in Anlehnung an Schmidt 1992)

Die Verantwortung für die Wahl und Ausgestaltung von Wertprozessen trägt die Konstruktion. Dort wird entschieden, ob z.B. ein Verbindungsprozess durch Schrauben oder Klipsen vollzogen wird.

Die Montageplanung hat damit keinen Einfluss auf die Gestaltung und nur eingeschränkt auf die Kosten der Wertschöpfung.

Wertprozesse beziehen sich einzig und allein auf die Formgebung eines Teils oder die Verbindung mehrerer Teile.

Wertprozesse kann man an einem einfachen optischen Merkmal erkennen:

- In der Fertigung ist das Werkzeug im Eingriff und berührt das Material.
- In der Montage berührt der Werker das Produkt beim Verbindungsprozess. In Bild 3.7 links hat der Werker das zu fügende Teil in beiden Händen. In Bild 3.7 rechts greift er zu einem neuen Bauteil, ohne dass eine Wertsteigerung stattfindet.

Bild 3.7 Optisches Erkennen von Wertschöpfung (© Maximilian Schmidt 2003)

Ein Montagezyklus besteht laut Bild 3.4 auch daraus, Teile zu den Fertigungsprozessen zu bringen, in der Produktion zu lagern und gegebenenfalls zu prüfen. Diese Prozesse sind neben den Wertprozessen nötig, um die Montage zu vollziehen, und sollen im weiteren Verlauf als unterstützende Prozesse bezeichnet werden.

3.4 Analyse der Wertprozessanteile einer manuellen Montage von Lüfterbaugruppen

In Abschnitt 3.2 wurde der Montagevorgang einer Lüfterbaugruppe nach der TPS-Logik auf ihren Wertschöpfungsanteil hin analysiert. Als Ergebnis erhält man einen Wert > 80 %. Dies weist ein Verbesserungspotenzial unter 20 % aus.

Dieselbe Montage der Lüfterbaugruppe einer Klimaanlage des Porsche Panamera mit den in Bild 3.2 abgebildeten sieben Bauteilen und zwei Schrauben wird nun in Hinblick auf die ablaufenden Wertprozesse erneut analysiert. Im Unterschied zur ersten Analyse soll nun der **Anteil von Wertprozessen an der Zykluszeit** gemessen werden. Der Begriff **Wertprozessanteil (WPA)** soll an dieser Stelle als **neue Kennzahl** eingeführt werden.

Ziel ist, die Anteile des Wertprozesses „Verbinden“ an der Zykluszeit von 70 Sekunden zu bestimmen. Hierzu werden zusätzliche Messpunkte vor und nach den wertschöpfenden Prozessen, mit „wert“ gekennzeichnet, eingefügt und so die Analyse präzisiert. Die unterstützenden Prozesse, „Teile holen oder umsetzen“, können damit als nicht wertschöpfend („nicht“) herausgelöst werden (siehe Bild 3.8).

	Ablaufabschnitt	Beginn	Ende	Ablaufart
1	3 EKE holen	Greifen zur Box	EKE vor MH	nicht
4	EKE einsetzen	EKE vor MH	3. EKE gesetzt	wert
5	Adapter holen	Greifen zur Box	Adapter vor MH	nicht
6	Adapter setzen	Zusammendrücken	Adapter gesetzt	wert
7	MH umsetzen	MH greifen	MH vor Einfädeln Kabel	nicht
8	Motorhalter auf Lüfter	Einfädeln Kabel	MH auf Lüfter	wert

Bild 3.8 Auszug aus der Videoanalyse der Lüfterbaugruppe mit Wertprozessbetrachtung

Das Ergebnis: Der Anteil der Wertprozesse (WPA), also des Verbindens, liegt bei 40 %. Rund 60 % der Montageprozesse können als unterstützende Prozesse klassifiziert werden, die vom Planer einer Produktionsanlage verändert werden könnten Dies schafft für die Optimierung des Arbeitsplatzes ein im Vergleich zu den 20 % des TPS-Modells entsprechend größeres Verbesserungspotenzial.

3.5 Zielsetzung bei der Planung und Optimierung von Produktionssystemen

Wertprozesse in der Produktion stellen den Nutzen dar, für den der Planer Anlagen und Arbeitsplätze plant sowie Werker einsetzt. Folgende planerische Zielvorgaben können definiert werden:

- **Ziel 1:** Die Zeiten und Kosten der Wertprozesse sollen so klein wie möglich gehalten werden. Die Kosten errechnen sich aus dem Stundensatz des Wertprozesses und der Prozesszeit.
- **Ziel 2:** Der Zeit- und Kostenanteil dieser Prozesse an der Zyklus- oder Belegungszeit einer Produktionsanlage (WPA) soll möglichst hoch sein.

Der Anteil an der Montagezeit/Fertigungszeit und den Produktionskosten kann als **Kennzahl für die Güte einer Planung und die Effektivität einer Produktionsanlage** dienen:

$$\text{Wertprozessanteil}\,(\text{WPA}) = \frac{\text{Zeit des Wertprozesses}}{\text{Produktions- / Zyklus- / Belegungszeit}}$$

Dieser Anteil sollte möglichst hoch sein. Als Richtgröße kann man einen Wert von 50 % annehmen (siehe Bild 3.9). Der Planer einer Fertigungsanlage kann dies als Entscheidungsgrundlage und Priorisierungshilfe nehmen, umso zielgerichtet Arbeitsplätze zu gestalten bzw. zu optimieren. Arbeitsplätze mit einem Wertprozessanteil von unter 50 % lohnen einer Überarbeitung und der Investition in Gestaltungsmaßnahmen.

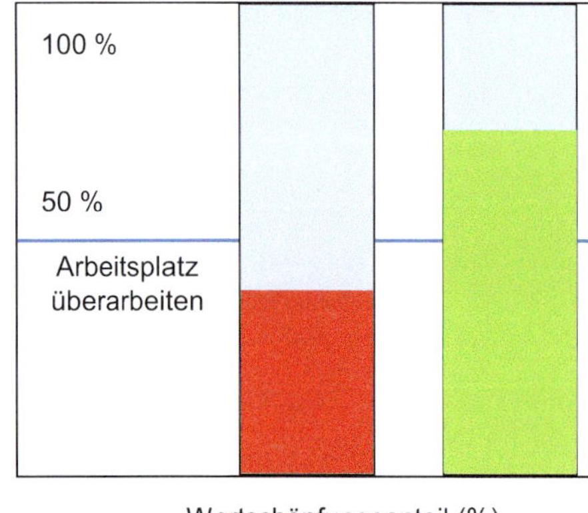

Bild 3.9
Aktionsschema <> 50 % Wertprozessanteil (WPA)

3.6 Verbesserungsinvestitionen

Verbesserungen von Arbeitsplätzen mit dem Schwerpunkt „Wirtschaftlichkeit“ zielen darauf ab, die Kosten durch die Reduzierung von Verschwendung (z. B. bei der Produktionszeit) zu senken. Der prozentuale Anteil von Wertprozessen an der Zykluszeit soll dabei steigen, wobei der absolute Zeitanteil von Wertprozessen als fixer Bestandteil der Produktion feststeht. Der Gestaltungsspielraum der Planung liegt in den Verbesserungspotenzialen:

1. absolutes Verbesserungspotenzial (AV) = Montagezeit minus Wertschöpfungszeit (sec)
2. relatives Verbesserungspotenzial (RV) = AV/Montagezeit (%)

Durch die Quantifizierung des Verbesserungspotenzials kann man den Verbesserungsinvestitionsrahmen (V inv) berechnen, der maximal möglich ist, um eine Verbesserung zu realisieren. Dies erlaubt es vorab zu klären, ob eine Verbesserung oder Gestaltungsmaßnahme sinnvoll sind.

Die Berechnung von V inv erfolgt über folgende Formel:

$$V\ inv = St \cdot Az \cdot At \cdot S \cdot P \cdot Rv \cdot R$$

St	Stundensatz des Arbeitsplatzes (€/Std.)
Az	Arbeitszeit (Std./Tag)
At	Arbeitstage im Jahr (Tage/a)
S	Zahl der Schichten pro Tag (1,2,3-Schichtbetrieb heißt, dass die Arbeitszeit Az des Montagezyklus 1,2,3-mal pro Tag wiederholt wird)
P	geforderter Amortisationszeitraum einer Investition
RV	relatives Verbesserungspotenzial (%)
R	Realisierungschance von RV (%), d. h., wie viel kann man von der Verschwendung einsparen (in der Regel sind das 10 - 30 %)?

Angewendet auf die Montage des Panamera-Lüfters ergibt sich im Beispiel von Bild 3.10 ein Verbesserungsinvestitionspotenzial von 32 141 €. Folgende unverrückbaren oder schwer änderbaren Faktoren werden in der Berechnung berücksichtigt:

- der Stundensatz (als Besitzstand in der Regel kaum beeinflussbar)
- die Tages- und Jahresarbeitszeit (gewerkschaftlich und gesetzlich geregelt)
- der Amortisationszeitraum (vom Controlling vorgegeben)

V inv = 48 € · 7,5 Std./Tag · 248 Tage · 3 · 1 · 0,6 · 0,2 = 32 141 €

Stundensatz: 48 €, Arbeitszeit: 7,5 Std./Tag, Arbeitstage: 248, 3 Schichten, Amortisation: 1 Jahr, Potenzial: 60 %, Realisierungschance: 20 %

Bild 3.10 Verbesserungsinvestitionspotenzial am Montageplatz eines Lüfters

Mehrschichtbetrieb erweist sich als begünstigender Faktor, da die Veränderung mehrfach an einem Tag wirkt und das Investitionspotenzial multipliziert. Die Realisierungschance, also inwieweit das Kostensenkungspotenzial durch Verbesserungsmaßnahmen ausgeschöpft werden kann, kann man

- schätzen (wie im Beispiel) oder
- mit MTM[2] berechnen (siehe Kapitel 4).

So lässt sich durch Kombination der Zeitmessung bei der Bestimmung des Verbesserungspotenzials und der Methode MTM zur prädiktiven Quantifizierung der Realisierungschance ein sehr wirksames Planungsvorgehen bei der Verbesserung von Arbeitsplätzen verwirklichen.

3.7 Wertprozessmessung mit Rollenspiel

Um Mitarbeitern den Begriff des Wertprozesses und dessen Bedeutung näherzubringen, kann ein Rollenspiel verwendet werden, das als Montageprozess das Anstreichen einer Wohnung einsetzt und den Wertprozess analysiert.

A Voraussetzungen

Für die Durchführung werden folgende Dinge benötigt:

- eine Wand oder eine beliebige senkrechte Fläche
- ein leerer Eimer, ein Pinsel, ein Tisch/Stuhl, 3 - 4 Zeitmessinstrumente (Handy, Stoppuhr)
- 3 - 4 Stifte und Blöcke

[2] Die Prozesssprache Methods-Time Measurement (MTM) ist der weltweite Standard zur Gestaltung menschlicher Arbeit (MTM ASSOCIATION e. V. 2021).

B Vorbereitung

Der Moderator positioniert einen Tisch/Stuhl ca. 4 m von der zu streichenden Fläche **(2)** entfernt und stellt den Eimer mit Pinsel darauf **(1)**, wie in Bild 3.11 zu sehen. In der Übung wird der Moderator die Rolle des Anstreichers übernehmen.

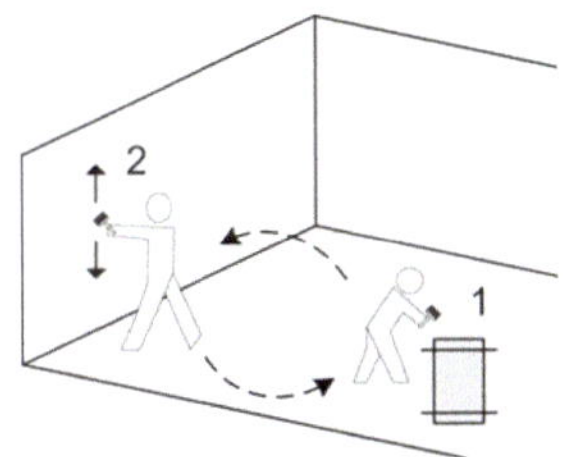

Bild 3.11
Skizze der Aufstellung der Wertprozessübung

C Ablauf der Übung

(1) Antrittsrede zur Ausgangssituation

„Meine Damen und Herren, Sie haben als Kunden die Dienstleistung ‚Anstreichen' eingekauft. Diese Dienstleistung wird manuell von einem Handwerker ausgeführt. Der Stundensatz wurde mit 50 € pro Stunde angeboten und auch bestellt, die Anfahrt dabei nach Aufwand verrechnet."

(2) Die Zielsetzung wird geklärt.

Der Moderator fragt die Mitarbeiter, wozu sie die Dienstleistung gekauft haben. Die Kernfrage ist dabei, wofür die Teilnehmer und Kunden bereit sind zu bezahlen. So arbeitet er die Zielsetzung heraus. Die Antwort muss lauten: „Farbe an der Wand". Dies definiert den Wertprozess in der Übung.

(3) Aufgabenvergabe 1

Im ersten Schritt bittet der Moderator drei bis vier Teilnehmer, die Zykluszeit des Streichprozesses zu messen und die Ergebnisse zu notieren.

(4) Die Produktion wird demonstriert.

Der Produktionsablauf kann beispielhaft mit der Skizze aus Bild 3.11 beschrieben werden: Ausgangssituation ist das Abstellen des Farbeimers an Position 1. Zielgebiet ist das Anstreichen der Wand an Position 2. Der Moderator führt diesen Montageablauf als ersten Zyklus vor und spricht dabei die Schritte des Produktionsablaufs laut vor. Eine Zeitmessung findet noch nicht statt.

Tätigkeit	Position
1. Eintauchen des Pinsels	(1)
2. Absteifen überflüssiger Farbe	(1)
3. Gehen zur Wand	(1 nach 2)
4. Streichen der Wand	(2)
5. Prüfen, ob die Farbe deckt	(2)
6. Gehen zum Eimer	(2 nach 1)

(5) Messung 1

Erst beim zweiten Zyklus messen die Teilnehmer die Gesamtzeit der Produktionsprozesse 1 - 6 und schreiben das Ergebnis auf. Dies wird dreimal wiederholt.

(6) Aufgabenvergabe 2

Danach fragt der Moderator, wie nun der Wertprozessanteil bestimmt werden kann. Das Ergebnis ist die separate Messung von Tätigkeit 4. Damit kann der Wertprozessanteil berechnet werden.

(7) Messung 2

Der Moderator wiederholt den Streichprozess und bittet die Teilnehmer um erneute Messung. Danach soll der Wertprozessanteil berechnet und das Ergebnis diskutiert werden.

(8) Ergebnis 1

Das Ergebnis: Im vorliegenden Produktionssystem liegt der Wertschöpfungsanteil bei 35 % (siehe Bild 3.12). Oder anders ausgedrückt: Von rund 47 € Auftragskosten landen nur 16,7 € an der Wand, der Rest dient als Beschäftigungsmaßnahme für den Anstreicher.

Aktivitäten	Zeit (Minuten)	Häufigkeit	Gesamtzeit	Wertprozessanteil
Eint. Pinsel	0,03	100	3,30	
Abstreifen Farbe	0,03	100	3,30	
Gehen zur Wand	0,10	100	10,0	
Streichen Wand	**0,20**	**100**	**20,0**	**35,3 %**
Prüfen	0,10	100	10,0	
Gehen zum Eimer	0,10	100	10,0	
Summe			56,7	

Bild 3.12 Analyseergebnis der Übung

(9) Aufgabenvergabe 3

Im nächsten Schritt sammelt der Moderator Verbesserungsansätze. Es stellt sich heraus, dass das Produktionssystem im Beispiel nicht optimal ausgeplant ist. Größter Zeitfresser ist mit je 10 Minuten das zweimalige Gehen zur Wand. Der Eimer sollte an der Wand aufgestellt werden (siehe Bild 3.13).

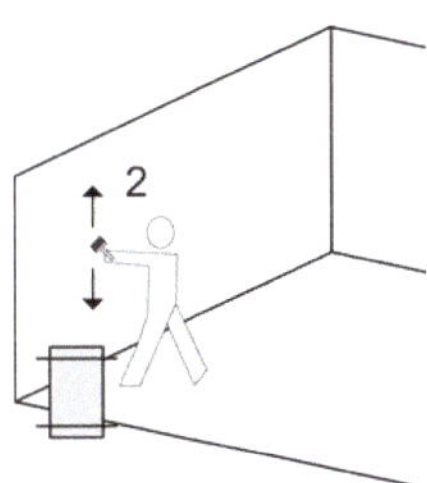

Bild 3.13
Umstellen des Eimers an Position 2

(10) Messung 3

Der Moderator vollzieht die Umstellung und bittet die Teilnehmer, den Wertschöpfungsanteil neu zu berechnen. Dazu muss die neue Zykluszeit gemessen werden. Sie sinkt von 0,57 Minuten auf 0,37 Minuten. Der Wertschöpfungsanteil steigt von 35 % auf 55 %.

3.8 Optische Wertprozessanalyse mit einer Multimomentaufnahme (MMA)

Wertprozesse können, falls eine Zeitmessung wie in Abschnitt 3.7 nicht erlaubt ist, auch optisch erkannt und quantifiziert werden. Eine Abschätzung des Wertschöpfungsanteils durch reines Beobachten und Zählen ist möglich. Betrachtet man Wertprozesse wie das Verbinden (siehe Abschnitt 3.2, Bild 3.4, Kleben eines Etiketts) oder die spanende Bearbeitung, so stellt man fest, dass die Prozesse nur dann wertschöpfend stattfinden, wenn das ausführende Werkzeug oder der Mensch in Kontakt mit dem Produkt ist.

Eine Wertschöpfungsanalyse ohne Zeitmessung versucht zu quantifizieren, wie oft oder wie lange die Werker oder die Werkzeuge das Produkt berühren und dabei einen Wertprozess ausführen. Die Anteile von Wertprozessen in Montagesystemen, vom einzelnen Montageplatz bis hin zu komplexen Montagehallen, können mithilfe von Multimomentaufnahmen (MMA) analysiert werden. Multimomentaufnahmen sind Stichprobenverfahren für unregelmäßig auftretende Vorgänge an mehreren Schauplätzen. Das methodische Prinzip besteht darin, bei Rundgängen vorbei an den zu beobachtenden Objekten die gerade auftretenden Ereignisse zu notieren. Aufgrund vieler Notierungen wird ein Abbild der Anteile dieser Vorkommnisse am üblichen Tagesgeschehen bestimmt (Bokranz/Landau 2006).

Tätigkeiten sind beispielsweise:

- Liegezeiten von Teilen oder Ladungsträgern bestimmen
- Arbeitszeiten oder Pausen prüfen
- Sauberkeitsgrad bestimmen
- logistische Prozesse plausibilisieren

Um das Zufallsprinzip zu wahren, werden mehrere Rundgangpläne erarbeitet. Integriert werden alle zu beobachtenden Montagesysteme oder Arbeitsplätze. Die Rundgänge erfolgen so oft, bis die zuvor ermittelte Anzahl von Aufschreibungen erreicht ist (REFA Bundesverband e. V. 2017).

Bild 3.14 zeigt einen Ausschnitt der Vormontage im Automobilbereich. Rot eingezeichnet ist der Rundgangplan mit den Beobachtungspunkten 1 bis 6, an denen der interessierende Sachverhalt aufgeschrieben wird, im Beispiel, ob ein Werker das zu montierende Produkt berührt oder nicht.

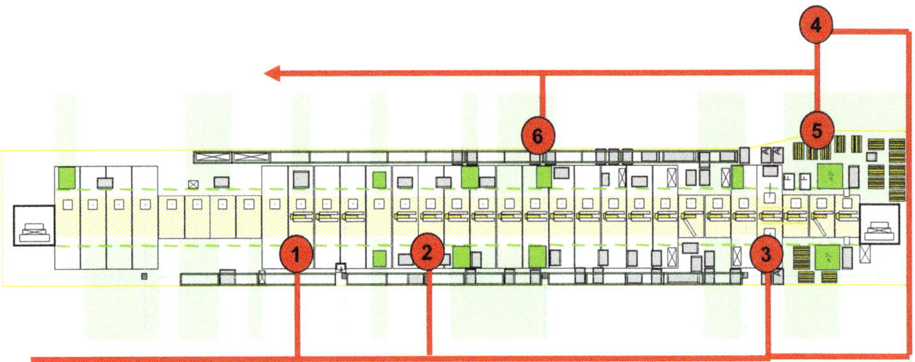

Bild 3.14 Schematische Darstellung einer MMA zur Analyse von Wertprozessen (© Maximilian Schmidt 1999)

Voraussetzung für diese Untersuchung ist

- die Definition des Beobachtungsgebiets,
- eine Videokamera und Drehgenehmigung (falls möglich) sowie
- Schreibzeug zur Notiz von für Beobachtungen.

Vorzubereiten ist

- der Untersuchungszeitraum und der repräsentative Zeitraum, da jede Ablaufart die Chance der Erfassung haben muss, damit die Untersuchung ein objektives Abbild ergibt (z. B. sollte der Montageumfang einen Verbindungsprozess beinhalten),

- das Abschätzen des Bearbeitungsumfangs sowie
- die Entscheidung über Fremd- oder Selbstnotierung (REFA Bundesverband e. V. 2017).

Im vorliegenden Beispiel bestehen folgende Zielsetzungen:

- die Analyse der Arbeitsabläufe (aufgeteilt in Wertprozess/Nichtwertprozess)
- das Erreichen eines Vertrauensbereichs als Richtwert für eine Potenzialermittlung; Trendaussage ist ausreichend: $f' = 2{,}5\,\%$ (REFA Bundesverband e. V. 2002)

Als Ergebnis erhält man eine Aussage über den Wertprozessanteil eines Montagesystems.

Im in Bild 3.14 dargestellten Beobachtungsgebiet führte die Arbeitsplanung zunächst 20 Rundgänge innerhalb von drei Tagen durch. Hierbei wurden insgesamt 160 Notierungen vorgenommen und 40 Wertprozesse beobachtet. Der vorläufige Anteil von Wertprozessen liegt bei $p = 25\,\%$. Die Beobachtung betraf in drei Tagen 1350 Minuten Arbeitszeit. Damit könnte die tatsächliche Wertschöpfungszeit mit 25 % oder 338 Minuten angenommen werden. Um statistisch verwertbare Aussagen zu treffen, muss die Zahl der Rundgänge und der Notierungen n' mit folgender Formel eventuell korrigiert werden:

$$n' = \frac{1{,}96^2 \cdot p' \cdot (100 - p')}{f'^2}$$

Die Zahl der notwendigen Notierungen n' kann mit der Annahme eines Vertrauensbereichs $f' = 2{,}5\,\%$ und dem zuvor ermittelten Anteil $p' = p = 25\,\%$ (Schätzung aus der ersten Beobachtung) errechnet werden. Das Ergebnis lautet: 1152 Notierungen wären nötig, um im geforderten Vertrauensbereich eine Aussage zu treffen. Das bedeutet, dass die Arbeitsplanung noch 144 Rundgänge durchführen müsste.

3.9 Zusammenfassung

Menschliche Arbeit ist zu wertvoll, um sie zu vergeuden. Sie sollte sinnvoll eingesetzt und körperlich nicht belastend gestaltet werden. Die Toyota-Kennzahl „wertschöpfende Arbeit“ ist als Kenngröße für die Gestaltung sinnvoller Arbeitsplätze zu ungenau. Sie beinhaltet neben den wertsteigernden Prozessen auch logistische und qualitätssichernde Komponenten. Die Einführung des Begriffs „Wertprozess“ und die Verwendung der Kennzahl „Wertprozessanteil“ machen es möglich, Arbeitsplätze exakter und sinnvoller zu planen.

Literatur

Bokranz, R./Landau, K.: Produktivitätsmanagement von Arbeitssystemen. Schäffer-Poeschel Verlag, Stuttgart 2006

Bösenberg, D./Metzen, H.: Lean Management: Vorsprung durch schlanke Konzepte. Verlag Moderne Industrie, Landsberg 1995

DIN 8580: Fertigungsverfahren, Begriffe, Einteilung. 1985

dmc-ortim GmbH: ORTIMzeit™. Werkzeug zur kompletten und übersichtlichen Aufbereitung von Zeitstudien. 2021. *https://www.dmc-group.com/dmc-ortim/produkte/zeitstudien/ortimzeit* (zuletzt aktualisiert am 14.04.2021)

MTM ASSOCIATION e. V.: MTM (Methods-Time Measurement). 2021. *https://mtm.org/1/ueber-mtm/mtm* (zuletzt aktualisiert am 14.04.2021)

Ohno, T.: Das Toyota Produktionssystem. Campus, Frankfurt am Main 1993

REFA Bundesverband e. V.: Ausgewählte Methoden zur prozessorientierten Arbeitsorganisation. REFA-Modulkonzept für Kooperationen in der Aus- und Weiterbildung. REFA-Sonderdruck Methodenteil. Darmstadt 2002

REFA Bundesverband e. V.: REFA Grundausbildung GA2.0. Modul „Multimomentaufnahme". Lehrunterlage. Darmstadt 2017

Schmidt, M.: Konzeption und Einsatzplanung flexibel automatisierter Montagesysteme. Springer, Berlin/Heidelberg/New York 1992

Sekine, K.: Produzieren ohne Verschwendung. Der japanische Weg zur schlanken Produktion. Herausgegeben von Jürgen Diegruber und Burkhard Meister. Verlag Moderne Industrie, Landsberg 1995

Womack, J. P./Jones, D. T./Roos, D.: Die zweite Revolution in der Automobilindustrie. Konsequenzen aus der weltweiten Studie des Massachusetts Institute of Technology. 3. Auflage. Campus, Frankfurt am Main 1991

4 Systeme vorbestimmter Zeiten (SvZ) und Methods-Time Measurement (MTM)

4.1 Ermittlung von Zeitdaten

Die Planung und Gestaltung von Produktionsprozessen verfolgt vor allem das Ziel, die Zeit und die Kosten der Produkterstellung so klein wie möglich zu halten. Der Anteil der Wertprozesse an der Arbeits- oder Zykluszeit, auch Belegungszeit einer Produktionsanlage genannt, sollte dabei möglichst hoch sein.

Die Kosten eines Produktionsprozesses errechnen sich durch die Multiplikation des Stundensatzes eines Arbeitsplatzes mit der geplanten oder der verbrauchten Arbeitszeit:

$$\text{Kosten Produktionsprozess}\,(€) = \text{Stundensatz}\,(€/\text{Std.}) \cdot \text{Zeit}\,(\text{Std.})$$

Hierzu ist neben der Kenntnis oder Berechnung des Stundensatzes in €/Std. die Ermittlung der Arbeitszeitdaten erforderlich. Diese setzen sich aus Folgendem zusammen (REFA Bundesverband e. V. 1992):

- prinzipiellen Zeiten für die Ablaufabschnitte der Arbeitsprozesse
- Einflussgrößen, von denen diese Zeiten abhängen
- Bezugsmengen, auf die sich die Zeiten beziehen
- Daten der Arbeitsbedingungen

Bild 4.1 zeigt einen montierten Deckel, der mit vier Schrauben befestigt ist. Die Montage des Deckels gliedert sich beispielhaft in unterschiedliche Ablaufabschnitte:

- Abschnitt 1: Schraube 1, Verschrauben
- Abschnitt 2: Schraube 2, Verschrauben
- Abschnitt 3: Schraube 3, Verschrauben
- etc.

Montage Deckel
Ablaufabschnitt 2: Verschrauben Schraube 2

Einflussgrößen: Schraube 2
Gewindelänge, Durchmesser, Gewindeart der Schraube

Bezugsmenge:
Zahl der zu montierenden Schrauben: 1

Arbeitsbedingungen:
Der Schrauber ist schwierig anzusetzen.

Bild 4.1 Ermittlung von Zeitdaten bei der Montage (© Maximilian Schmidt 2004)

Die prinzipielle Zeit des Ablaufabschnitts „Verschrauben“ wird beeinflusst durch die Einflussgrößen der Schraube. Die Schraube verursacht durch die Gewindeart, die Schraubenlänge und ihren Durchmesser eine bestimmte, minimale Montagezeit. Die Bezugsmenge des Schraubprozesses bei Schraube 2 ist eins.

Bild 4.1 weist darauf hin, dass bei den Arbeitsbedingungen der Drehwinkel eines Werkzeugs beim Schrauben eingeschränkt ist. Die Zahl der Schraubbewegungen und der Ansetzbewegungen des Werkzeugs steigt dadurch. Diese Daten beeinflussen die Zeit des Ablaufabschnitts 2 „Verschrauben“.

Vorgehensweise bei der Ermittlung von Zeitdaten

Die im Arbeitsstudium übliche Vorgehensweise bei der Ermittlung von Zeiten sowie deren Bezugsmengen und der Einflussgrößen ist im REFA-Standardprogramm „Datenermittlung“ (siehe Bild 4.2) zusammengefasst.

Der Verwendungszweck bestimmt, welche und wie viele Daten erfasst werden müssen.

Man unterscheidet im Arbeitsstudium hauptsächlich vier Verwendungszwecke für Zeitdaten:

1. Planung (Vorkalkulation, Vergleich von Verfahren etc.)
2. Steuerung von Terminen, Maschinenbelegung, Materialdisposition
3. Kontrolle
4. Entlohnung (REFA Bundesverband e. V. 1992)

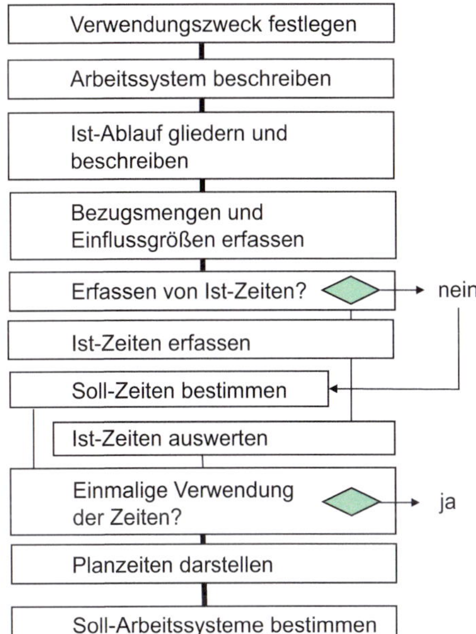

Bild 4.2
Auszug aus dem REFA-Standardprogramm „Datenermittlung" (in Anlehnung an REFA Bundesverband e.V. 1992)

Zusätzliche Zielvorgabe

Im REFA-Standardprogramm „Datenermittlung" fehlt die Zielvorgabe, unter der die Zeitermittlung durchgeführt werden soll. Diese ist dann sinnvoll, wenn die Zeitaufnahme dem Zweck der Optimierung eines Produktionssystems dient. Diese könnte beispielweise auf eine

- Kostensenkung um X %,
- Leistungssteigerung um Y % oder
- Erleichterung der Arbeit um den Wert A

zielen. Liegt diese Zielvorgabe vor, kann bei der Datenermittlung eine zusätzliche Information bezüglich dieser Zielvorgabe erhoben werden. Der Zeitaufnehmer führt dann nicht nur eine reine Zeitmessung aus, sondern verknüpft damit eine Klassifizierung der Zeitdaten.

Wenn beispielweise das Produktionssystem nicht nur gemessen, sondern auch optimiert werden soll, sollte die **Zielvorgabe zur Gestaltung eines Arbeitssystems** wie folgt definiert werden:

- Anteil der Wertprozesse > 50 % der Gesamtzeit
- Verschwendung im System < 3 bis 5 %

Um diese Zielvorgabe erfüllen zu können, muss bei der Datenerhebung eine Clusterung der Zeitdaten vorgenommen werden:

- Welche Zeitdaten betreffen Wertprozesse?
- Wie lange dauern Nichtwertprozesse?

Beschreibung des Arbeitssystems

Der exakten Beschreibung des Arbeitssystems kommt bei dessen Gestaltung eine besondere Bedeutung zu. Der Planer muss Folgendes genau definieren oder erfassen:

- die zu produzierende Produkte und deren Varianten
- die Aufgaben und Verantwortung des Arbeitssystems
- die Menschen und deren Qualifikation
- die Produktionsmittel und Werkzeuge
- Prognosen über Produktionsmengen und deren Einflussgrößen (z. B. Umweltauflagen, Gewerkschafsforderungen, Marktentwicklungen)

Ist- und Soll-Zeiten

Bei den Prozesszeiten unterscheiden Bild 4.2 und Bild 4.3 zwischen **Ist-Zeiten**, also tatsächlich vom Menschen und von Betriebsmitteln gebrauchte Zeiten für die Ausführung bestimmter Ablaufabschnitte, und Soll-Zeiten, die aus zuvor erfassten Ist-Zeiten abgeleitet werden:

- Ist-Zeiten sind die Zeiten, die beobachtet und gemessen werden können.
- Soll-Zeiten sind die Zeiten, in der ein Prozess unter Normalleistung von Mitarbeitern geleistet werden soll (REFA Bundesverband e. V. 1992).

Soll-Zeiten, auch **Vorgabezeit** genannt, bilden eine wesentliche Planungsgrundlage für Montagesysteme. Sie werden den Mitarbeitern der Produktionsdurchführung als Zielvorgabe vorgegeben und zur Messung der Zielerfüllung mit den aktuellen Ist-Zeiten abgeglichen.

Zur Bestimmung von Prozesszeiten können verschiedene Methoden der Zeitermittlung angewendet werden. Bild 4.3 zeigt unterschiedliche Methoden zur Ermittlung von Zeiten für Ablaufabschnitte. In Bild 4.3 links wird die Ist-Zeit durch Messen oder Befragen erfasst. Die Messung kann dabei durch den Mitarbeiter/Arbeiter selbst oder einen externen Beobachter vorgenommen werden (REFA Bundesverband e. V. 1992).

Soll-Zeiten für Menschen werden aus den Ist-Zeiten durch folgende Formel errechnet:

$$\text{Soll-Zeit}\,(\text{min}) = \text{Ist-Zeit}\,(\text{min}) \cdot \text{Leistungsgrad der Mitarbeiter}\,(\%)$$

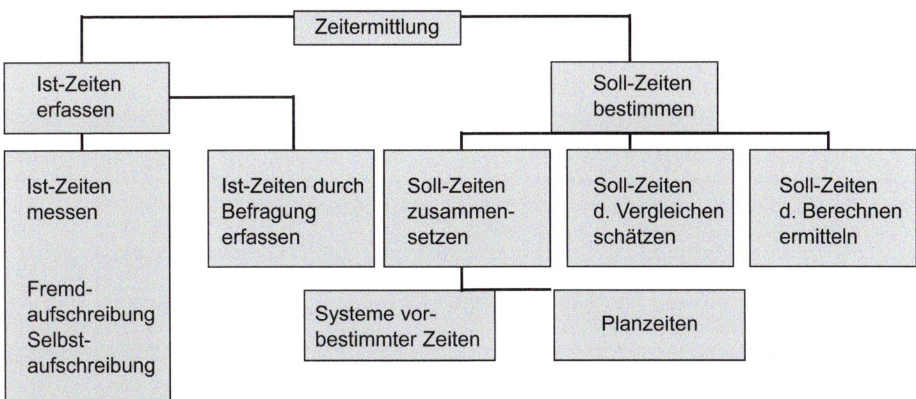

Bild 4.3 Zeitermittlungsmöglichkeiten für Ablaufabschnitte (in Anlehnung an REFA Bundesverband e. V. 1992)

Der Leistungsgrad berücksichtigt dabei die Streuung der menschlichen Leistung (REFA Bundesverband e. V. 1992)

- von Person zu Person sowie
- zu unterschiedlichen Zeiten.

Der Leistungsgrad errechnet sich nach der folgenden Formel (REFA Bundesverband e. V. 1992):

$$\text{Leistungsgrad} = \frac{\text{Beobachtete Ist-Leistung}}{\text{Vorgestellte Bezugsleistung}} \cdot 100\,\%$$

Die einer Soll-Zeit zugrundeliegende Leistung wird **Bezugsleistung** genannt.

Um eine Soll-Zeit aus einer Ist-Zeit zu errechnen, ist es notwendig, dass ein beobachtbarer Prozess existiert. Dies ist allerdings in der Planungsphase oder bei Gestaltungsbetrachtungen oft nicht gegeben. Um diese Problematik zu lösen, sind in Bild 4.3 rechts weitere Verfahren zur Ermittlung von Soll-Zeiten aufgeführt. Sie benötigen den Ist-Prozess nicht.

Man kann Soll-Zeiten berechnen, indem beispielweise die Zeit durch die Messung der zurückgelegten Entfernung und die Kenntnis der Geschwindigkeit des Transportmittels ermittelt wird. Maschinen wie Industrieroboter oder Werkzeugmaschinen erlauben es, Zeitdaten aus der Maschinensteuerung auszulesen.

In Bild 4.3 rechts sind zwei weitere Verfahren gezeigt, die die Soll-Zeit direkt bestimmen. Möglich ist, die Zeitdaten durch das Vergleichen mit ähnlichen Produktionsprozessen zu ermitteln oder zu schätzen. Dies birgt allerdings eine Unschärfe in sich und sollte bei häufig wiederholten Prozessen, beispielweise in der Großserie oder Massenproduktion, nicht angewendet werden.

Soll-Zeiten können auch direkt bestimmt werden, indem man sie aus bekannten Zeitbausteinen zusammensetzt. Ein relativ einfaches, genaues und von den Tarifpartnern anerkanntes Verfahren zur Ermittlung von Soll-Zeiten für menschliche Arbeit bietet die Methode der Systeme vorbestimmter Zeiten (SvZ).

4.2 Methodischer Ansatz der Systeme vorbestimmter Zeiten am Beispiel Methods-Time Measurement

Systeme vorbestimmter Zeiten (SvZ) sind Verfahren, mit denen Soll-Zeiten für die Ausführung solcher Vorgangselemente bestimmt werden können, die vom Menschen voll beeinflussbar sind (REFA Bundesverband e. V. 1992).

Das Verfahren **Methods-Time Measurement (MTM)** ist das in Deutschland am weitesten verbreitete System vorbestimmter Zeiten (REFA Bundesverband e. V. 2011). Es lässt sich stichpunktartig wie folgt skizzieren:

- Die Bewegungen bei der menschlichen Arbeit werden in unterschiedliche Arten gegliedert, und es werden Einflussgrößen auf die Dauer ihrer Ausführung bestimmt (REFA Bundesverband e. V. 2011).
- Der Zeitaufwand ist das Ergebnis einer Arbeitsmethode (z. B. Einschrauben).
- Bei gleicher Qualifikation und Anstrengung ist die benötigte Zeit für das Ausführen unter gleichen Bedingungen konstant.
- Die Zeiten sind in Versuchsreihen/Messungen ermittelt.
- Es existieren Kataloge für diese Zeiten.
- Die Zeitermittlung ist von den Tarifpartnern anerkannt (MTM ASSOCIATION e. V. 2019a).

Die Bausteine des MTM-Datensystems werden zur Analyse (Beschreibung) und zur Planung manueller Arbeitsabläufe kombiniert (REFA Bundesverband e. V. 2011). Je nach Einsatzfall werden von MTM unterschiedliche Methodenebenen (-niveaus) geprägt, um den Unterschieden zwischen z. B. einer Serienproduktion und einer Reparaturwerkstatt gerecht zu werden (MTM ASSOCIATION e. V. 2019a). Das Methodenniveau bildet die durch den Prozesstyp repräsentierte Routinebildung ab, die sich in den Arbeitsmethoden ausprägt und von Prozesstyp zu Prozesstyp signifikant unterscheidet (MTM ASSOCIATION e. V. 2019a). Bild 4.4 zeigt die MTM-Bausteine „Grundsystem“ und „UAS“ im Vergleich. Die Genauigkeit der einzelnen Bewegungen ist bei MTM-1 im Durchschnitt mit minimal 4,2 TMU[1] (= 0,15 Sekunden) und maximal 27,6 TMU sehr viel genauer als bei UAS (15,7 – 75,7 TMU). Dies

[1] TMU ist die Abkürzung für Time Measurement Units. Die Umrechnung in Sekunden wird in Abschnitt 4.3 erläutert.

wird der höheren Wiederholhäufigkeit gerecht und erlaubt eine exaktere Zeitbestimmung.

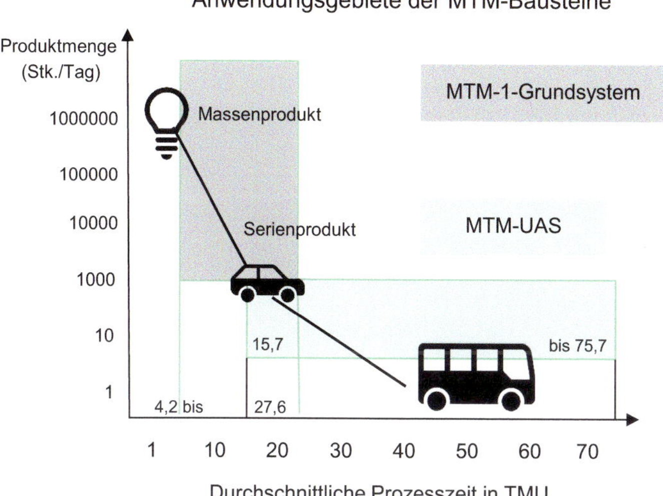

Bild 4.4 Anwendungsgebiete von zwei MTM-Bausteinen (in Anlehnung an Antis et al. 1969 und MTM ASSOCIATION e. V. 2019b)

4.3 MTM-Grundsystem (MTM-1)

Das MTM-Grundsystem (MTM-1) liefert die Grundlage für alle Anwendungsformen von MTM. Es wird überall dort angewandt, wo das untersuchte Produkt in großer Stückzahl produziert wird (Antis et al. 1969).

MTM-1 gliedert Bewegungsabläufe, die vom Menschen voll beeinflussbar sind, in einfache Grundbewegungen. Diese Grundbewegungen unterliegen Einflussgrößen, die zeitbestimmend wirken. Jeder Grundbewegung sind gemessene Normzeitwerte zugeordnet, die in ihrer Höhe durch die erfassten Einflussgrößen vorbestimmt sind. Als MTM-Normzeitwert wird die Soll-Zeit für einen Prozessbaustein bezeichnet, dem als Bezugsleistung die MTM-Normleistung zugrunde liegt (MTM ASSOCIATION e. V. 2019a).

Die Zeitwerte des Grundsystems von MTM basieren auf der MTM-1-Datenkarte 101 A, Ausgabe 1955, der U.S. und Canada MTM Association. In der MTM-1-Datenkarte sind Tabellen für die Grundbewegungen wie Hand- und Fingerbewegungen, Blickfunktionen und Körperbewegungen enthalten. Die Zeitwerte der Grundbewegungen sind in der Zeiteinheit Time Measurement Unit (TMU) angegeben, wobei 1 TMU = 0,036 Sekunden entspricht (MTM ASSOCIATION e. V. 2019a).

Bei Untersuchungen hat man festgestellt, dass ca. 80 - 85% aller voll beeinflussbaren Abläufe aus fünf Grundbewegungen bestehen. Dieser Bewegungszyklus, auch MTM-Grundzyklus genannt, besteht dabei aus den in Bild 4.5 gezeigten Grundbewegungen als häufig auftretende Bewegungsfolge (MTM ASSOCIATION e.V. 2019a).

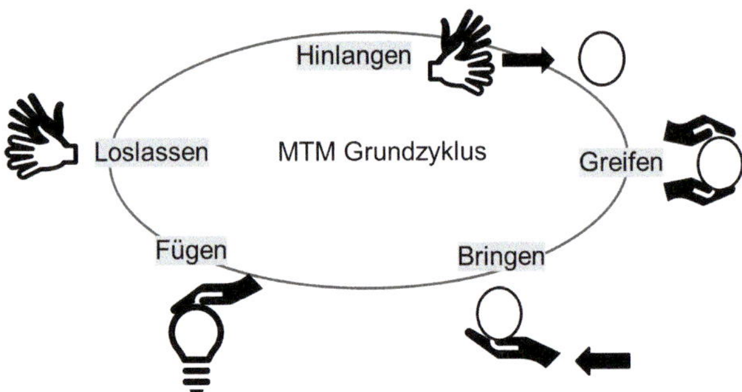

Bild 4.5 MTM-1-Bewegungselemente des MTM-1-Grundzyklus (in Anlehnung an MTM ASSOCIATION e.V. 2019a)

Die Einflussgrößen auf die Grundbewegungen in Bild 4.5 lassen sich in vier wesentlichen Punkten zusammenfassen (MTM ASSOCIATION e.V. 2019a):

1. Kontrollaufwand
2. Bewegungslänge
3. Typ des Bewegungsverlaufs
4. Kraftaufwand und Gewicht

Zur Bestimmung der Zeit wird der auszuführende Prozess in seiner Grundbewegung benannt, dessen Einflussgrößen definiert, die Codierung bestimmt und der Zeitwert von der MTM-1-Datenkarte abgelesen.

Dies soll beispielhaft am **Prozess „Hinlangen"** ausgeführt werden. Der Werker in Bild 4.6 soll beispielsweise eine Platine im linearen Abstand von 60 cm Entfernung greifen. Die Platine ist einfach zu erreichen, liegt aber im Kleinladungsträger an einem veränderlichen Ort.

Die entsprechende Grundbewegung zum Erreichen der Platine lautet Hinlangen. Hinlangen ist die Grundbewegung, um die Finger oder die Hand zu einem bestimmten oder unbestimmten Ort zu bewegen. Die Einflussgrößen beim Hinlangen sind

- die Bewegungslänge anhand einer zurückzulegenden Bahn sowie
- der Bewegungsfall und der Typ des Bewegungsverlaufs und damit der Kontrollaufwand vor dem Erfassen eines Gegenstandes (MTM ASSOCIATION e.V. 2019a).

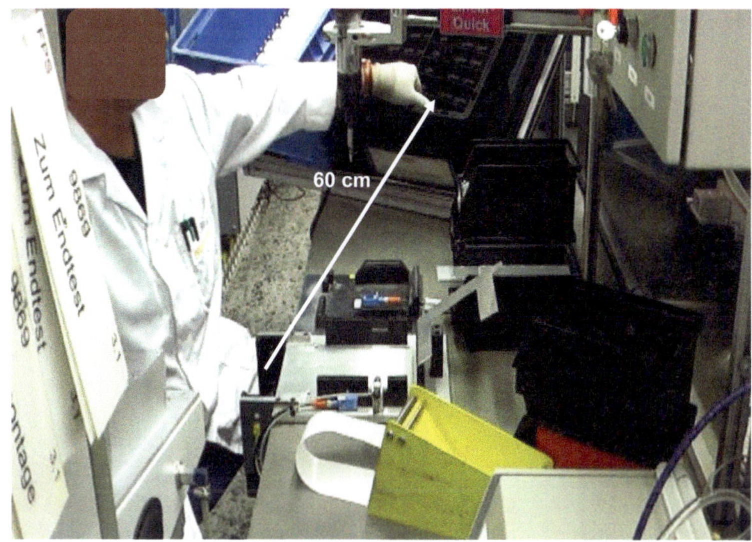

Bild 4.6 Greifen einer Platine in einer linearen Entfernung von 60 cm (© Maximilian Schmidt 2004)

Der zu erfassende Gegenstand liegt in einer linearen Entfernung von 60 cm an einem veränderlichen Ort. Dies beeinflusst die Länge der Bewegung und mit dem erhöhten Kontrollaufwand aufgrund der Veränderlichkeit auch den Bewegungsfall. Die Codierung lautet R80B, weil bei der Bewegungslänge eine real zurückzulegende Bahn zu berücksichtigen ist, die auf 80 cm geschätzt wird.

Den Bewegungsfall der Aufgabenstellung findet man in der Beschreibung der Reach-Fälle auf der rechten Seite der Datenkarte von Bild 4.7. Fall B beschreibt ein Hinlangen zu einem alleinstehenden Gegenstand, der sich an einem von Arbeitsgang zu Arbeitsgang veränderlichen Ort befindet. Die so ermittelte Codierung R80B ergibt aus der Normzeittabelle eine Prozesszeit von 26,9 TMU oder 0,97 Sekunden.

Um die Zeit eines gesamten Montagezyklus zu analysieren, muss nach dem gezeigten Hinlangprozess jedes der folgenden Bewegungselemente (siehe Bild 4.5) definiert werden und die Einzelzeiten müssen addiert werden. In diesem Beispiel wäre die nächste Grundbewegung das Greifen der Platine.

Reach R

Distance in cm	Time TMU					
	R-A	R-B	R-C/R-D	R-E	mR-A R-Am	mR-B R-Bm
2 or less	2,0	2,0	2,0	2,0	1,6	1,6
4	3,4	3,4	5,1	3,2	3,0	2,4
6	4,5	4,5	6,5	4,4	3,9	3,1
8	5,5	5,5	7,5	5,5	4,6	3,7
10	6,1	6,3				
12	6,4	7,4				
14	6,8	8,2				
16	7,1	8,8				
18	7,5	9,4				
20	7,8	10,0				
22	8,1	10,5				
24	8,5	11,1				
26	8,8	11,7				
28	9,2	12,2				
30	9,5	12,8				
35	10,4	14,2				
40	11,3	15,6				
45	12,1	17,0				
50	13,0	18,4				
55	13,9	19,8				
60	14,7	21,2				
65	15,6	22,6				
70	16,5	24,1				
75	17,3	25,5				
80	18,2	26,9				

Case and Description	
A	Reach to an object in fixed location, or to object in other hand or on which other hand rests
B	Reach to a single object in location, which may vary slightly from cycle to cycle
C	Reach to an object jumbled with other objects in a group so that search and select occurs
D	Reach to a very small object or where accurate grasp is required
E	Reach to indefinite location to get hand in position for body balance or next motion or out of way

Bild 4.7 MTM-1-Datenkarte: Auszug „Reach" mit Codierung des Beispiels (in Anlehnung an Antis et al. 1969)

Der zuvor in Abschnitt 3.3 beschriebene Wertprozess in der Montage ist in MTM-1 mit dem Begriff Fügen („position") im Grundzyklus aus Bild 4.5 definiert. Fügen ist die Grundbewegung, die von den Fingern oder der Hand ausgeführt wird, um einen Gegenstand mit einem anderen zusammenzusetzen. Hierbei kommen die Einzelbewegungen Zentrieren, Ausrichten und An- oder Einfügen vor (Antis et al. 1969). MTM unterscheidet zwei Arten des Fügens. Bild 4.8 links zeigt das Einfügen eines Gegenstands in einen zweiten, wie beispielsweise dem Einstecken eines Bolzens in eine Bohrung. Als weiterer Fügeprozess wird in Bild 4.8 rechts das Anfügen gezeigt. Letzteres kann man sich am besten mit dem Ankleben einer Briefmarke auf ein vorgegebenes Feld eines Briefes vorstellen.

Bild 4.8
Einfügen und Anfügen in MTM-1

Einflüsse auf den Fügeprozess und dessen Zeit haben

1. die Passungsklasse,
2. der Symmetriefall beim Fügen (S: symmetrisch, SS: halbsymmetrisch, NS: nicht symmetrisch) sowie
3. die Art der Handhabung (E: *Easy*, D: *Difficult;* MTM ASSOCIATION e. V. 2019a; siehe Bild 4.9).

Die Passungsklasse berücksichtigt den Aufwand und die Zeit des Einfügens abhängig davon, wie groß das Spiel ist und ob ein gewisser Druck für das Ineinandersetzen erforderlich ist. Schwierige Handhabung ist durch die Arbeitsumstände, wie beispielweise bei Sicht- oder Platzbehinderung, gegeben. Die Bewertung „Difficult" erfolgt auch, wenn die Beschaffenheit und Form der Gegenstände Probleme bereitet. Letzteres ist z. B. bei zerbrechlichen, scharfkantigen Teilen und schweren, gefetteten und biegsamen Produkten gegeben (MTM ASSOCIATION e. V. 2019a).

Positionieren – P (= Fügen)

Symbol	Passung	Beschreibung	Anfügen (mm)	Symmetrie	Easy	Difficult
P1	lose	kein Druck notwendig	≤ ± 6,0	S	5,6	11,2
				SS	9,1	14,7
				NS	10,4	16,0
P2	eng	leichter Druck	≤ ± 1,5	S	16,2	21,8
				SS	19,7	25,3
				NS	21,0	26,6
P3	fest	starker Druck	≤ ± 0,4	S	34,0	48,6
				SS	46,5	52,1
				NS	46,8	53,4

Bild 4.9 Codierung „Fügen" („position") in Anlehnung an Antis et al. 1969

Im Beispiel von Bild 4.10 wird ein Aufkleber auf ein Bauteil gefügt. Das anzufügende Teil ist nicht symmetrisch und muss mit hoher Präzision (< 0,4 mm Spiel) platziert werden. Das Bauteil ist allerdings leicht einzusehen. Platzprobleme beim Fügen existieren nicht. Die Codierung dieses Fügefalls lautet P3 NS E. Aus der Datenkarte kann ein Zeitwert von 47,8 TMU oder 1,72 Sekunden abgelesen werden.

MTM-1 als genaueste Analysemethode wird vorzugsweise in der Massen- oder Großserienproduktion verwendet. Der Detaillierungsgrad und damit die Aussageschärfe ist hier am höchsten. MTM spricht auch vom maximalen Methodenniveau. Dieses genaue Analysieren mit MTM-1 benötigt im Vergleich zu den MTM-Verfahren mit niedrigerem Methodenniveau die längste Zeit und verursacht die meisten Kosten. Im Fall der Serien- und Einzelproduktion ist diese Genauigkeit nicht erforderlich. Der Planer spart z. B. durch den Einsatz von MTM-UAS Analysezeit, das Ergebnis verliert aber an Genauigkeit.

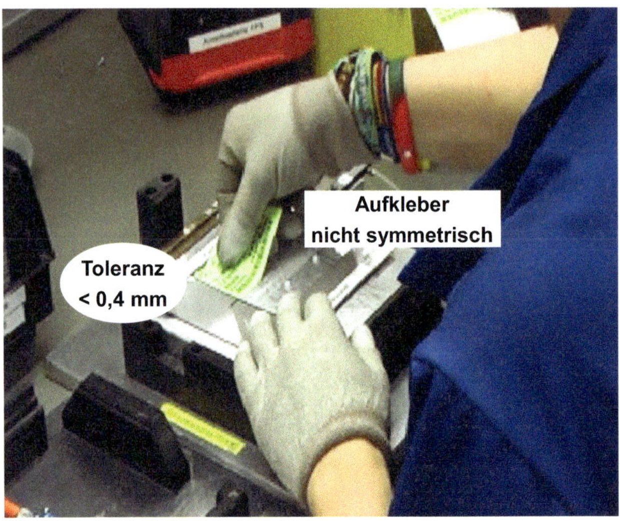

Bild 4.10 Fügen eines Aufklebers (© Maximilian Schmidt 2004)

4.4 Universelles Analysiersystem (UAS)

Das Universelle Analysiersystem (UAS) ist ein MTM-Bausteinsystem auf der hierarchischen Ebene der Grundvorgänge von MTM-1 und zur Modellierung von Prozessen konzipiert, die durch den Prozesstyp 2 (Serienfertigung) repräsentiert wird werden (MTM ASSOCIATION e. V. 2019b).

UAS bietet eine Methode an, die auf dem methodischen Ansatz von MTM-1 beruht, aber als Subsystem der MTM-Bausteine höher aggregiert ist. UAS dient der Planung und Steuerung von betrieblichen Abläufen, die in der Produktion durch

- Serienfertigung sowie
- steigende Produktkomplexität und Variantenvielfalt

geprägt sind. UAS kann auch im Bereich Logistik und Office eingesetzt werden (MTM ASSOCIATION e. V. 2019b).

UAS-Merkmale

UAS bietet mit seinen Bewegungsfolgen Prozessbausteine für die typischen Grundvorgänge in der auftragsorientierten Serienfertigung. Diese sind komplexer und reduzierter als bei MTM-1. Bild 4.11 verdeutlicht das am Beispiel eines Montagezyklus. Dessen fünf Grundbewegungen von MTM-1 sind bei UAS in einer Bewegungsfolge zusammengefasst.

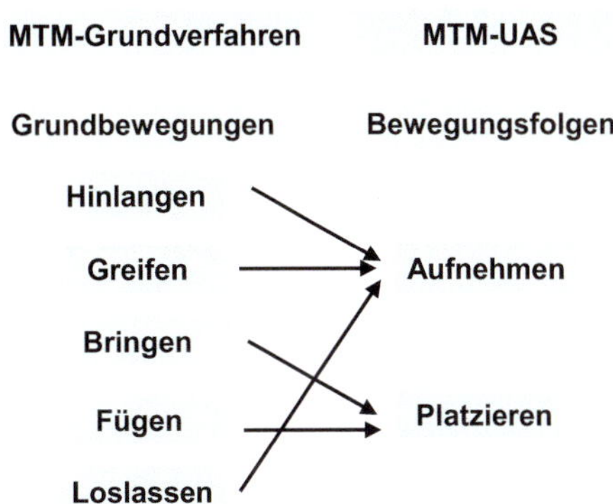

Bild 4.11 Verdichtung der Grundbewegungen von MTM-1 zu UAS (in Anlehnung an MTM ASSOCIATION e. V. 2019a)

Konsequenz ist ein geringerer Datenumfang, eine Vereinfachung der Anwendung durch Reduzierung der Entscheidungen und damit eine Verminderung des Analysieraufwandes um das Zehn- bis Zwanzigfache (MTM ASSOCIATION e. V. 2019b).

Wie bei MTM-1 sind die Bewegungsfolgen mit Einflussgrößen verknüpft, deren Bestimmung letztendlich zu einer, in der Tabelle zu findender Prozesszeit in TMU führt. Die Zuordnung an sich ist allerdings komplexer als bei MTM-1.

Bewegungslänge in cm	≤ 20	> 20 bis ≤ 50	> 50 bis ≤ 80
Entfernungsbereich	1	2	3

Aufnehmen und Platzieren			**Code**	**1**	**2**	**3**
				TMU		
≤ 1 daN	leicht	ungefähr	AA	20	35	50
		lose	AB	30	45	60
		eng	AC	40	55	70
	schwierig	ungefähr	AD	20	45	60
		lose	AE	30	55	70
		eng	AF	40	65	80
	Hand voll	ungefähr	AG	40	65	80
> 1 daN bis ≤ 8 daN		ungefähr	AH	25	45	55
		lose	AJ	40	65	75
		eng	AK	50	75	85
> 8 daN bis ≤ 22 daN		ungefähr	AL	80	105	115
		lose	AM	95	120	130
		eng	AN	120	145	160

Bild 4.12 Beispiel von UAS-Grundvorgängen: Aufnehmen und Platzieren (in Anlehnung an MTM ASSOCIATION e. V. 2019b)

Im Beispiel von Bild 4.13 soll wieder eine Platine aus dem Kleinladungsträger entnommen werden. Anschließend legt der Werker die Platine in eine Vorrichtung ein. Die maximale Distanz beim Aufnehmen und Platzieren des Bauteils beträgt linear 60 cm.

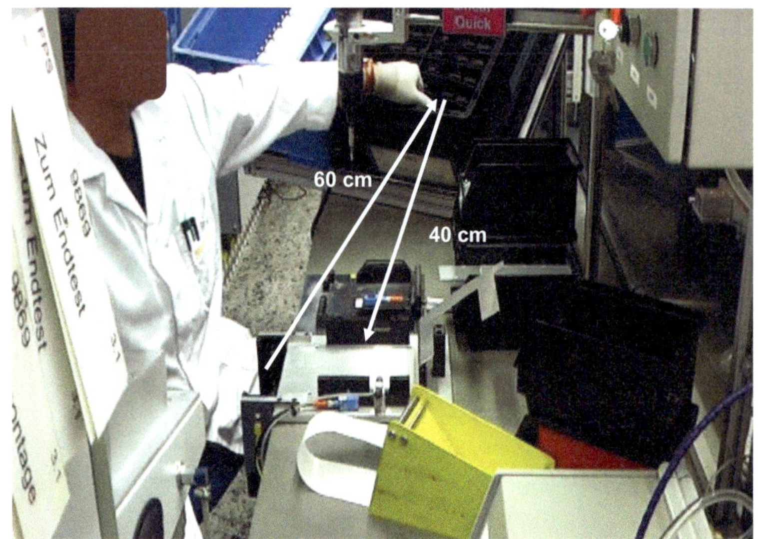

Bild 4.13 Aufnehmen und Platzieren einer Platine (© Maximilian Schmidt 2004)

Am Beispiel des Aufnehmens, beispielweise einer Platine (Gewicht 200 g) aus dem Behälter, und ihres Platzierens in der Vorrichtung (also dem Tisch), müssen folgende Werte nacheinander bestimmt werden (siehe Bild 4.14):

1. die Bewegungslänge zum Aufnehmen der Platine in cm sowie die Bewegungslänge zum Platzieren zwischen Behälter und Vorrichtung in cm (bei unterschiedlichen Entfernungen nimmt der Planer den längeren Weg)
2. der Aufnahmefall der Platine
3. das Gewicht der Platine in daN
4. der Platzierungsfall

Im Beispiel von Bild 4.13 entnimmt man zunächst die Bewegungslänge für das Aufnehmen (aus 60 cm linear werden 80 cm Bahn) und Platzieren (aus 40 cm linear werden 50 cm Bahn), wählt den längeren Weg 80 cm und ordnet den Entfernungsbereich zu (hier 3).

Datenkarte mit Einflussgrößen

1: Entfernung

2: Gewicht/sperrig

3: Aufnahmefall

4: Platzierungsfall

Bewegungslänge in cm	≤ 20	> 20 bis ≤ 50	> 50 bis ≤ 80
Entfernungsbereich	1	2	3

Aufnehmen und Platzieren			**Code**	**1**	**2**	**3**
				TMU		
≤ 1 daN	leicht	ungefähr	AA	20	35	50
		lose	AB	30	45	60
		eng	AC	40	55	70
	schwierig	ungefähr	AD	20	45	60
		lose	AE	30	55	70
		eng	AF	40	65	80
	Hand voll	ungefähr	AG	40	65	80
> 1 daN bis ≤ 8 daN		ungefähr	AH	25	45	55
		lose	AJ	40	65	75
		eng	AK	50	75	85
> 8 daN bis ≤ 22 daN		ungefähr	AL	80	105	115
		lose	AM	95	120	130
		eng	AN	120	145	160

Bild 4.14 Codierung des Beispiels „Aufnehmen und Platzieren einer Platine“ (in Anlehnung an MTM ASSOCIATION e. V. 2019b)

Danach müsste die Platine gewogen werden. Aus der Angabe geht allerdings eine Masse < 1 kg hervor. Eine Sperrigkeit liegt nicht vor. Der Aufnahmefall kann bei einem allein liegenden Gegenstand mit leicht und der Platzierungsfall in der Vorrichtung mit eng analysiert werden. Die Analyse ergibt eine Codierung AC3 mit einer Prozesszeit von 70 TMU oder 2,52 Sekunden.

Das Verfahren UAS eignet sich für eine Produktion mit Wiederholcharakter und geht von

- gestalteten Abläufen,
- vergleichbaren Arbeitsinhalten,
- definierten Rahmenbedingungen,
- längeren zyklischen Prozessen,
- routinierten Mitarbeitern sowie
- bestehenden Arbeitsunterweisungen

aus. UAS wird beispielsweise bei den meisten deutschen Automobilfirmen eingesetzt. In diesem Buch wird UAS in Abschnitt 4.2 und in den Fallbeispielen im Fernbereich zur Optimierung von Wegezeiten in Abschnitt 6.2.1 eingesetzt.

Literatur

Antis, W./Honeycutt, J. M./Koch, E. N.: Die MTM Grundbewegungen. H. B. Maynard & Co GmbH, Hamburg/Bremen 1969

Bokranz, R./Landau, K.: Produktivitätsmanagement von Arbeitssystemen. Schäffer-Poeschel Verlag, Stuttgart 2006

MTM ASSOCIATION e. V.: Basic MTM, MTM 1 und UAS. Lehrgangsunterlagen. Hamburg 2019a

MTM ASSOCIATION e. V.: UAS-Grundvorgänge. Schulungsunterlagen. Hamburg 2019b

REFA Bundesverband e. V.: REFA-Methodenlehre des Arbeitsstudiums. Teil 2: Datenermittlung. 7. Auflage. 1992

REFA Bundesverband e. V.: Industrial Engineering. Standardmethoden zur Produktivitätssteigerung und Prozessoptimierung. Carl Hanser Verlag, München 2011

5 Montageplanung

Montageplanung verfolgt das Ziel, kostenoptimierte und dem Menschen angepasste Systeme zu entwickeln. Dazu ist es notwendig, zielgerichtet und methodisch vorzugehen. Bei der systematischen Gestaltung von Arbeitssystemen wird zweckmäßigerweise die REFA-Planungssystematik verwendet. Diese wird in Bild 5.1 als REFA-Standard „Arbeitssystemgestaltung" vorgestellt und dient als organisatorische Handlungsanleitung (REFA AG/REFA-Institut e. V. 2020).

Systemgestaltung	Planungsergebnis
Stufe 1 Ausgangssituation analysieren	Ist-Zustand, Ziele, Erreichbarkeit, vorhandene und notwendige Daten
Stufe 2 Ziele festlegen	Formulierung konkreter Ziele und Anforderungen, Methodeneinsatz, Termine
Stufe 3 Arbeitssystem konzipieren (Grobplanung)	Lösungsentwürfe zu Funktion, Qualitätssicherung, Arbeitsmethode, Ausführungsbedingungen, Arbeitsschutz, Ergonomie, Vorzugsvariante
Stufe 4 Arbeitssystem detaillieren (Feinplanung)	Realisierbare Lösung, Beschaffungsbedarf, Kostenvoranschlag, Leistungskennzahlen, Realisierungsunterlagen, Dokumentation
Stufe 5 Arbeitssystem realisieren	Einsatzvorbereitung, Umsetzung der Lösungen, Inbetriebnahme, Freigabe, Dauernutzung
Stufe 6 Arbeitssystem einsetzen	Umsetzung, Realisierung, laufende Prüfung

Bild 5.1 REFA-Standard „Arbeitssystemgestaltung" (in Anlehnung an REFA AG/REFA-Institut e. V. 2020)

Stufe 1 befasst sich mit der Analyse der Ausgangssituation und liefert als Planungsergebnis neben dem bestehenden Zustand auch die zu erreichenden Ziele mit den zur Planung notwendigen Daten. Auf Stufe 2 werden die Ziele formuliert und die Planungsmeilensteine gesetzt. Stufe 3 konzipiert eine grobe Lösung des zukünftigen Montagesystems mit der logistischen Anbindung an vor- und nachgelagerte Stellen und die Teilever- bzw. -entsorgung. Auf Stufe 4 bis 6 wird das zukünftige System detailliert, beschafft und in Betrieb genommen.

Möchte man die Planung eines Montagesystems inhaltlich genauer betrachten, kann sie in den in Bild 5.2 dargestellten Schritten vollzogen werden. Dieses Buch befasst sich mit Schritt 1 bis 5 aus Bild 5.2. Die Arbeitsplatzgestaltung (Schritt 4) wird in Kapitel 6 separat ausgeführt.

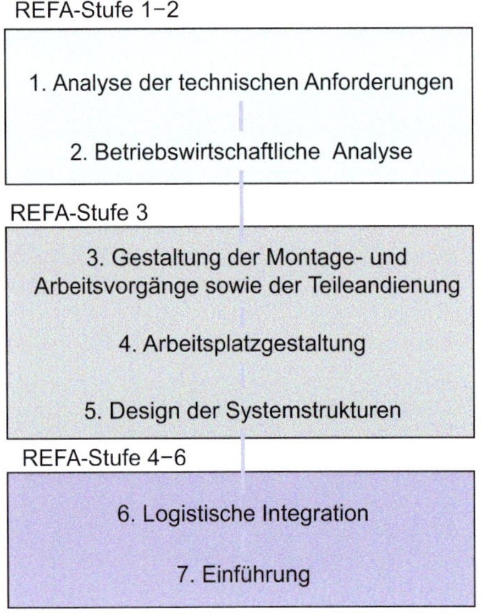

Bild 5.2 Inhalte der Planung eines Montagearbeitsplatzes

5.1 Grunddaten der Montageplanung

Die Auslegung eines Arbeitsplatzes in der Montage wird vom herzustellenden Produkt, den zu fertigenden Teilen und den technischen und betriebswirtschaftlichen Anforderungen beeinflusst.

Produktseitig wirken die folgenden **technischen Anforderungen** auf die Planung und Gestaltung einer Produktionsanlage:

- Zahl, Größe, Masse der Teile
- Struktur der Produkte
- Verbindungsprozesse
- Varianten

Betriebswirtschaftlich bildet das **Produktionsprogramm** eine Basis für die Montageplanung. In ihm sind

- die Stückzahl und Varianten eines Produkts,
- wie oft eine Tätigkeit wiederholt werden muss sowie
- die Produktionszeit der Produkte

festgelegt. Zusätzlich spielen **Kostenvorgaben**, die **geforderte Lieferzeit** und die benötigte Reaktionsfähigkeit auf Nachfrageschwankungen (Flexibilität) eine Rolle.

Die Analyse dieser Anforderungen und deren Dokumente bilden die Datengrundlage für eine erfolgreiche Planung.

5.1.1 Technische Anforderungen an Einzelteile und Produkte

Unter technischen Anforderungen versteht man bei der **Fertigung von Einzelteilen** im Wesentlichen deren Geometrie, Oberflächen, Gewichte und Werkstoffe sowie die einzuhaltenden Toleranzen. Bild 5.3 zeigt eine technische Zeichnung als Basis der technischen Anforderungen an die Welle eines Elektromotors. In ihr ist normgerecht dokumentiert, welche Maße das Bauteil haben soll, wie viele Varianten es gibt und aus welchem Material es gefertigt werden muss.

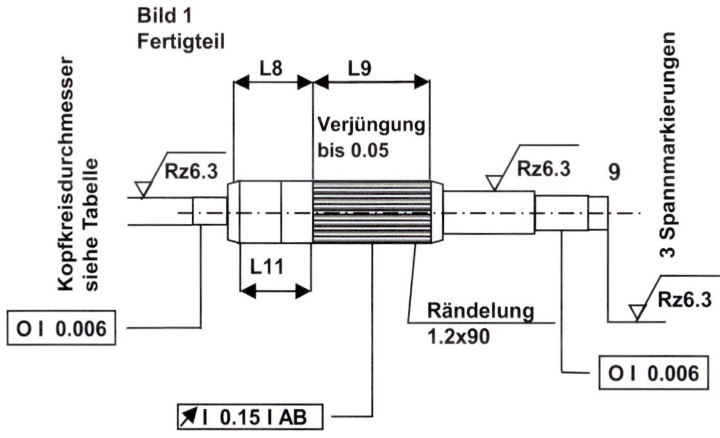

Teil	L7	L8	L9	L10	L11
0922	12.3	29.3	30	----	----
1021	12.4	33.1	30	----	----
1132	34.5	34.5	30	----	----

Stoff: Stahl DIN 1654 Teil 4
Cq 45 GKZ

9 Toleranz
- 0.055
- 0.075

Bild 5.3 Technische Zeichnung eines Einzelteils (© Maximilian Schmidt 2001)

Bei der **Montage eines Produkts** müssen die Werker mehrere, auch verschiedene Einzelteile zusammenbauen. Zusätzlich zu den technischen Anforderungen der Einzelteile kommen bei der Montage die Zahl der gleichen oder unterschiedlichen Teile im Erzeugnis, deren Verbindungsprozesse und die Einbaureihenfolge als neue technische Anforderungen hinzu. Diese Einflüsse schaffen in der Montage eine Situation, die erheblich komplizierter ist als in der Teilefertigung.

Basisdokumente für die Montage sind technische Zeichnungen, Bauanleitungen oder Zusammenbauzeichnungen wie das Montageschema in Bild 5.4.

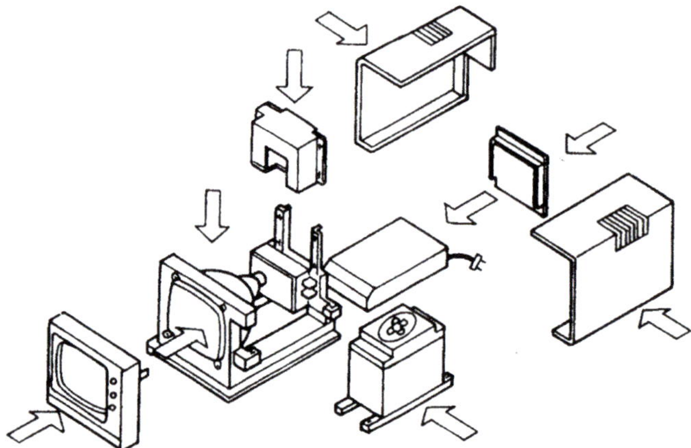

Bild 5.4 Montageschema eines Datensichtgeräts (© Maximilian Schmidt)

Die technischen Anforderungen an ein Bauteil, eine Baugruppe oder das zu montierende Produkt beruhen auf den Vorgaben der Konstruktion. Darüber hinaus bestimmen die Konstrukteure über die Reihenfolge der Fertigungs- und Montageprozesse sowie die Arbeitsausführung und -umstände, unter denen montiert wird.

Produktmerkmale	**Arbeitsausführung**
Bauteile < 6 mm und > 80 cm	… erhöhen den Zeitbedarf beim Hinlangen/Greifen.
Verhakende Teile	… fordern ein Ordnen von Hand.
Fehlende Einführschrägen	… erhöhen den Zeitbedarf beim Hinlangen/Greifen.
Asymmetrie	… erhöht den Zeitbedarf beim Fügen.
Unterschiedliche Schrauben	… erfordern manuelle Montage und multiple Werkzeuge.
Platzprobleme beim Fügen	… erfordern Blindmontage und erhöhen den Zeitbedarf.
Fügen mit wechselnden Richtungen	… erfordert manuelle Handhabung.

Bild 5.5 Produktmerkmale beeinflussen die Arbeitsausführung.

Beispielhaft ist in Bild 5.5 angeführt, wie Produktmerkmale die Arbeitsausführung beeinflussen können.

5.1.2 Betriebswirtschaftliche Anforderungen

Um ein Produktionssystem planen zu können, genügt es nicht, nur die technischen, konstruktiven Anforderungen zu analysieren. Ohne die Kenntnis der betriebswirtschaftlichen Anforderungen, wie Kostenvorgaben, Lieferzeiten oder die Kapazitätsforderungen des Produktionsmanagements, kann nicht entschieden werden, ob ein Produkt als ein einmaliges Ersatzteil beispielweise rein manuell oder in großer Stückzahl vollautomatisch hergestellt werden kann. Das Produktionsmanagement legt fest, welche Erzeugnisse in welchen Mengen in einer bestimmten Zeit hergestellt und verkauft werden.

Im **Produktionsprogramm** ist eine gleichbleibende oder gegebenenfalls veränderliche **Kapazitätsanforderung** an ein Produktionssystem definiert. Es enthält grundsätzliche Informationen darüber, welche Produkte zu welchem Zeitpunkt in welcher Menge gefertigt werden sollen, und basiert auf den prognostizierten Produktmengen, die hauptsächlich auf Marktstudien und Absatzzielen beruhen.

Das Produktionsprogramm in Bild 5.6 zeigt die Stückzahlen, die ein Fertigungssystem monatlich liefern soll.

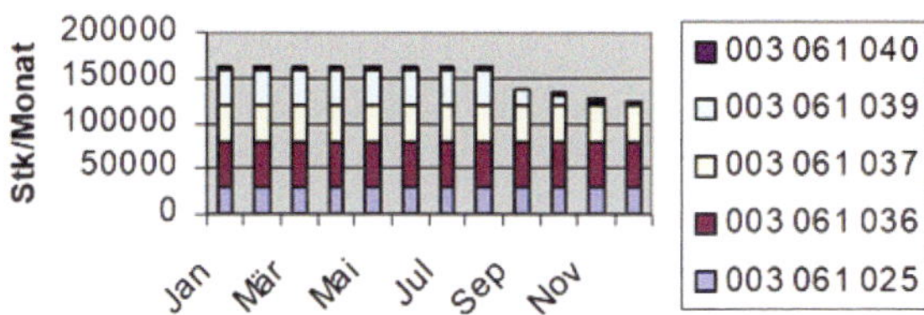

Bild 5.6 Produktionsprogramm für das Erzeugnis „Welle" (© Maximilian Schmidt)

Insgesamt sind fünf verschiedene Wellen zu erzeugen, die sich zahlenmäßig und in der Produktionsvarianz unterscheiden. Während Artikelnummer 003061036 (Rot) in gleichbleibender monatlich stationärer Ausbringung zu fertigen ist, muss Variante 003061039 (Hellblau) mit veränderlicher, flexibler Kapazität geplant werden.

5.2 Vorgehen bei der Analyse des Ist-Zustands

Das Vorgehen bei der Planung von Montagearbeitsplätzen soll in den nächsten Punkten schrittweise erläutert werden. Hierzu wird sowohl die technische Analyse des Produkts als auch die betriebswirtschaftliche Betrachtung behandelt.

5.2.1 Analyse der technischen Anforderungen des Produkts

Das Produkt hat einen wesentlichen Einfluss auf die Art der Montage. Die Analyse der Produkte sowie deren Einzelteile ist der erste Schritt der Montageplanung und gibt Hinweise auf die Gestaltung des zukünftigen Arbeitsplatzes und des Montagesystems. Prinzipiell sollte die Analyse der technischen Anforderungen in drei Schritten ablaufen (siehe Bild 5.7).

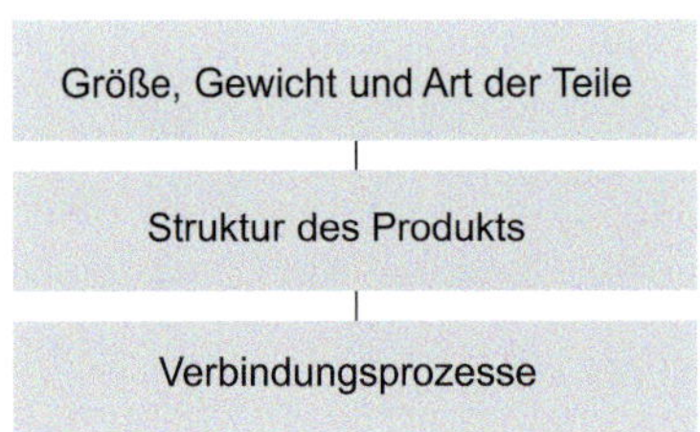

Bild 5.7 Analyse der technischen Anforderungen

Hierzu sind weitere Fragen zu beantworten:

- Welche Maße und Merkmale hat ein Produkt?
- Welche Daten des Produkts ändern sich?
- Sind diese Änderungen einmalig oder wiederkehrend?
- Wie ist die Güte der Daten, die als Basis für die Produktionsplanung dienen?
- Sind die Angaben der Konstruktion plausibel und eindeutig?
- Sind die Vorgaben der Konstruktion verhandel- oder unverrückbar?

Bei der in Bild 5.3 dargestellten Welle weist die technische Zeichnung beispielsweise fünf Varianten in den Längenangaben und vier Varianten im Durchmesser auf. Dies betrifft bei der Produktionsplanung den Arbeitsraum der zu planenden Drehmaschine, wenn alle Bauteile auf einer Maschine gefertigt werden sollen.

5.2.1.1 Größe, Gewicht und Art der Teile

Die Größe, das Gewicht und die Art der Teile eines Produkts beeinflussen die Montage und grenzen die Möglichkeiten für automatisierte Vorgänge ein. Dabei ist in Bezug auf **Größe und Gewicht von Teilen** Folgendes zu beachten:

- Der Handhabungsraum von Automaten wie Industrierobotern ist beschränkt. Große Teile sind oft aufgrund des beschränkten Arbeitsraums nicht mehr handhabbar.
- Die Größe der Teile betreffen das Greifen und das Fügen. Teile, die in einer Dimension größer sind als 80 cm oder in zwei Dimensionen größer als 30 × 30 cm benötigen eine höhere Handhabungszeit (MTM ASSOCIATION e.V. 2019).
- Die Teilegröße und Komplexität beeinflussen die Erfassungs- und Greifvorgänge. Kleine Teile oder Teile, die den Menschen verletzen können, verlangen mehr Zeit in der Montage (MTM ASSOCIATION e.V. 2019).
- Die Tragkraft eines Industrieroboters muss das Gewicht der Teile und des Greifers/Spannvorrichtung beinhalten. Bei KUKA-Robotern ist diese z.B. derzeit auf maximal 1000 kg begrenzt.
- Verrichtungsweise Montage ist bei Produkten ab 1500 cm^2 Grundfläche nicht sinnvoll. Der Weg, der zwischen den Produkten zurückgelegt werden muss, beansprucht Zeit, die den Zeitgewinn durch Übung der Mitarbeiter und das anteilige Rüsten aufwiegt (Lotter 1994).

Die **Art der Teile** verhindert eine Automatisierung, wenn

- Teile biegeschlaff und forminstabil sind (z.B. Kabel, Schläuche),
- Teile vom Gewicht her leicht sind und gefettet angeliefert werden,
- Teile zum Verhaken neigen, z.B. Federn,
- Einführschrägen fehlen und wenn
- keine Wiederholhäufigkeit vorliegt, also ein Produkt einmalig geplant wird.

Liegen in einem Produkt Veränderungen in Art und Geometrie von Bauteilen oder seiner Funktion vor, spricht man von Varianten. Varianten von Bauteilen und Produkten haben einen unterschiedlichen Einfluss auf die Montageplanung. Je nachdem, ob die Veränderung einen Einfluss auf die Montageprozesse und Arbeitszeit hat oder nicht, muss planerisch reagiert werden.

Das in Bild 5.8 skizzierte Produkt zeigt einen Spielzeughasen in unterschiedlichen Bekleidungsvarianten. In Bild 5.8 links ist der Hase nur mit Badehose bekleidet. In Bild 5.8 rechts trägt er eine Hose, einen Pullover, Schal und Mütze. Die Montagezeit des rechten Hasen ist im Vergleich zum linken ca. fünfmal so hoch. Diese angeführten Varianten haben einen Einfluss auf die Arbeitszeit und den Montageprozess.

Bild 5.8
Produktvarianten mit Arbeitszeiteinfluss (© Maximilian Schmidt)

Als industrielles Beispiel sei an dieser Stelle der Automobilbau angeführt, bei dem zwei- oder viertürige Fahrzeugvarianten auf demselben Arbeitsplatz montiert werden. Je nach Schwankungsbreite der Arbeitsinhalte reagiert der Planer mit unterschiedlichen Maßnahmen (siehe Kapitel 6).

Varianten ohne Einfluss auf den Montageprozess sind im Wesentlichen reine Farbvarianten, also z.B. rote und grüne viernoppige Legosteine oder gelbe und blaue Kerzen gleicher Geometrie. Im Automobilbau wären Farbvarianten ohne Zeiteinfluss beispielweise verschiedenfarbige Türgriffe, die in der Türenmontage verbaut werden. Obwohl die Farben der Griffe den Fahrzeugen individuell angepasst sind, unterscheiden sich die Montageinhalte nicht.

5.2.1.2 Analyse der Struktur des Produkts

Der **Begriff Struktur** des Produkts bezeichnet die Anordnung der Teile eines Ganzen zueinander, den gegliederten Aufbau oder die innere Gliederung (Bibliografisches Institut GmbH 2021). Der Planer von Produktionsanlagen muss bei der **Analyse der Struktur eines Produkts** folgende Punkte untersuchen:

- die Einzelteile eines Produkts, deren Varianten und Fügeprozesse
- die Fügerichtungen der Teile oder Baugruppen (eine Richtung oder mehrere, gerade Bahnen oder mit Veränderung)
- die zur Montage notwendigen Fügebewegungen (konstant oder unterbrochen, reversieren, mit Pilgerschritt)
- die Reihenfolge des Zusammenbaus

Der Planer demontiert bei dieser Analyse das Produkt und entwickelt durch Umkehrung der Demontage eine Montagereihenfolge.

Die Produktstruktur legt die prinzipiellen Abläufe der Montage und deren Variationsmöglichkeiten fest. Zu beachten sind dabei zwingend einzuhaltende Reihenfolgen. Bei einer Fahrzeugtür beispielsweise muss der Fensterheber eingebaut werden, bevor die Innenverkleidung montiert werden kann. Häufig sind jedoch mehrere Montage- oder Aufbaumöglichkeiten realisierbar. Der Planer kann dann frei entscheiden, wann welches Bauteil eingebaut werden kann. Zur übersichtlichen Darstellung der einzuhaltenden Vorrangbeziehungen hat sich der Montagevorranggraph bewährt (Lotter 1994).

Die Struktur des in Bild 5.9 gezeigten Bohrmaschinengetriebes ist durch die einzubauenden Einzelteile, die vorgegebene Reihenfolge der Montageprozesse und die rot gekennzeichneten vier Fügerichtungen (siehe Bild 5.9a bis Bild 5.9d) charakterisiert. Rote geradlinige Pfeile der Fügerichtungen kennzeichnen konstante Fügebewegungen.

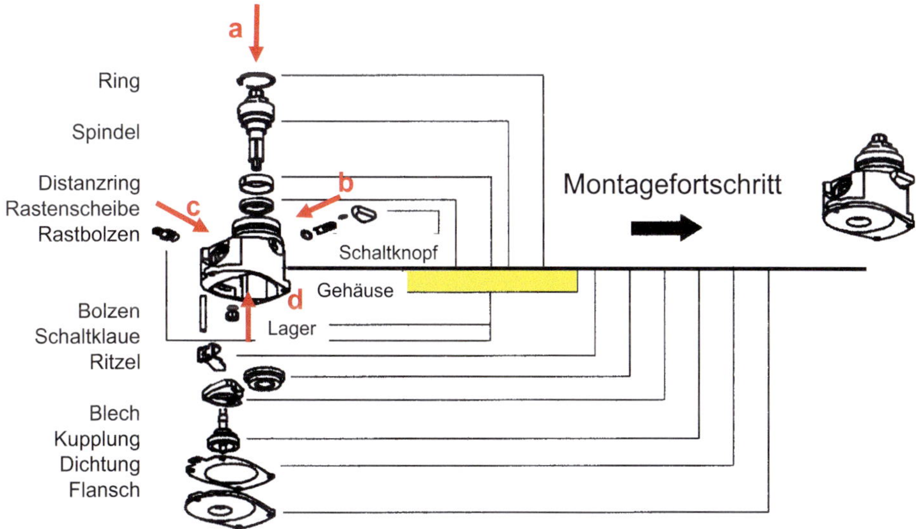

Bild 5.9 Montagevorranggraph eines Bohrmaschinengetriebes (© Maximilian Schmidt 1986)

Der in Bild 5.9 dargestellte Montagevorranggraph zeigt die Reihenfolge, die zur Montage des Bohrmaschinengetriebes eingehalten werden muss. Der gelb gekennzeichnete Bereich ist bei diesem Produkt der einzige, bei dem die Montageplanung Variationsmöglichkeiten hat. Die in Bild 5.9 oben angeführten Bauteile (V-Ring bis Rastenscheibe und Schaltknopf) können wahlfrei zu dem von unten zu montierenden Rastbolzen und Lager gefügt werden. Die restlichen Montageschritte sind konstruktiv zwingend festgelegt und müssen sequenziell ablaufen.

5.2.1.3 Verbindungsprozesse

Verbindungsprozesse sind die Wertprozesse der Montage. Da sie konstruktiv festlegt sind, kann der Planer darauf keinen Einfluss nehmen. Es ist für die Auslegung eines Montagesystems jedoch wichtig, die Prozesszeit einer Verbindung zu kennen und eventuelle Mechanisierungs- und Automatisierungsmöglichkeiten abzuwägen.

Hierzu können Verbindungsprozesse nach ihrer Prozesskomplexität eingeteilt werden. MTM-1 erlaubt zudem, Wertprozesse zeitlich zu quantifizieren. Des Weiteren bietet sich mit dem Bewertungstool PROKON[1] (Produktionsgerechtes Konstruieren) eine Methode der MTM-Vereinigung an, die die Teilekomplexität und den Verbindungsprozess schrittweise kombiniert bewertet.

Zeitliche Bewertung von Verbindungsprozessen mit MTM-1

In der Montage kann die Komplexität eines Verbindungsprozesses an seiner Prozesszahl gemessen werden. Je mehr Prozesse nötig sind, um die notwendigen Haltekräfte zu erzeugen, desto schwieriger, zeitaufwendiger und kostenintensiver ist der Prozess.

Bild 5.10 listet Wertprozesse **(WS)** in steigender Komplexität auf. **WS1** beginnt mit der einfachsten Form der Verbindung, der Kombination von Fügen und Verbinden in einem Prozess. Bei diesem Wertprozess ist keine weitere Energiezufuhr oder ein zusätzliches Teil zur Erzeugung der Haltekräfte nötig. Das Zusammenstecken zweier Legosteine geschieht ohne Klebstoff oder Schraube. Die Noppen auf den Steinen und die Übergangspassung zu den Löchern im zweiten Stein erzeugen die Haltekraft.

Mit steigender Komplexität der Wertprozesse kommen folgende hinzu:

- **WS2:** zusätzliche Energie (z. B. bei Punktschweißen)
- **WS3:** ein weiteres Teil mit einfacher Bewegung (Klips)
- **WS4:** ein oder zwei weitere Teile mit komplexer Bewegung (Schraube und Mutter)
- **WS5:** ein weiterer Stoff und ein Prozess mit Härtezeit (Kleber)

[1] PROKON bewertet den entstehenden Montageaufwand und orientiert sich durch gezielte Veränderung konstruktiv beeinflussbarer Parameter auf aufwandsarme Lösungen (MTM ASSOCIATION e. V. 2021).

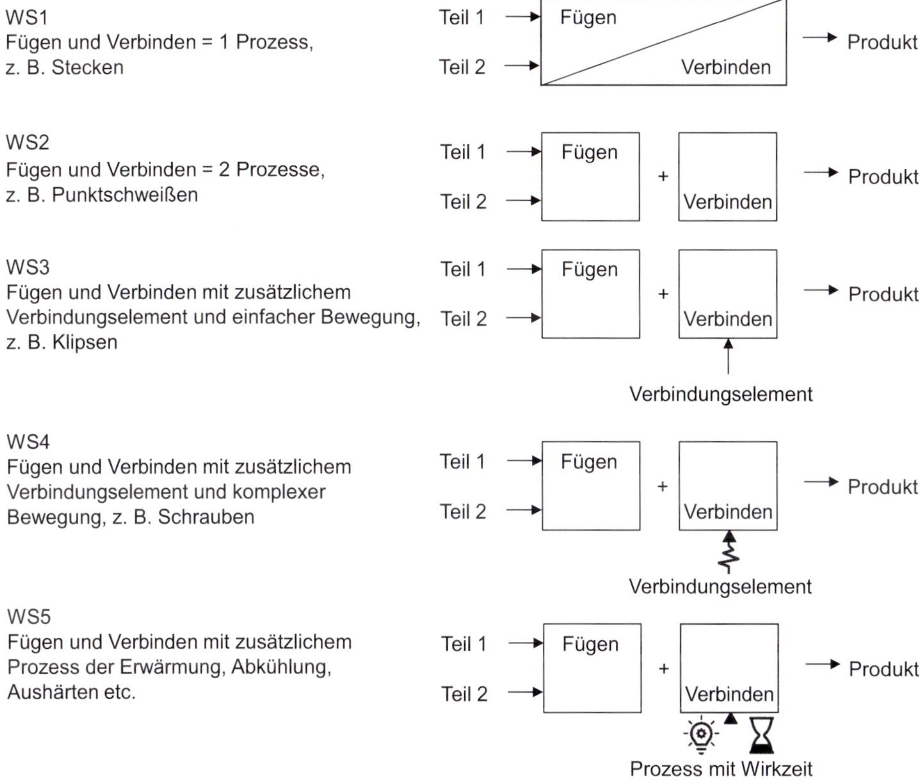

Bild 5.10 Hierarchie der Komplexität von Verbindungsprozessen

5.2.1.4 Zusammenfassung

Durch die Analyse des Produkts hinsichtlich

- Größe, Gewicht und Art der Teile,
- Struktur und
- Verbindungsprozesse

kann der Planer erste Hinweise auf die Montageart, die Automatisierungsmöglichkeiten, die Montagereihenfolge und Variationsmöglichkeiten erhalten. Auch liefert die Zeitbetrachtung der Wertprozesse den unverrückbaren Sockel der Produktionszeit. Eine Analyse des Zusammenbaus mit PROKON kann weiter wertvolle Hinweise auf Verbesserungsmöglichkeiten am Produkt liefern.

In dieser Phase kann jedoch noch nicht entschieden werden, ob das Produkt rein manuell oder automatisiert hergestellt wird. Es ist noch nicht geklärt, ob es sich um ein Ersatzteil in geringer Stückzahl handelt oder um ein Massenprodukt. Diese Frage kann nur eine betriebswirtschaftliche Analyse beantworten.

5.2.2 Betriebswirtschaftliche Analyse

5.2.2.1 Grundüberlegungen

Die Art der Produktion und der Fertigungstyp werden durch die Häufigkeit der Wiederholung identischer Produktionsprozesse beeinflusst (Schomburg 1980, Warneke 1993). Sie ist abhängig von

- dem angestrebten Produktionsprogramm,
- der zu produzierenden Stückzahl sowie
- der Anzahl der Varianten (Lotter 1994).

Als Beispiele für unterschiedliche **Wiederholungsarten von Produkten** können folgende angeführt werden:

- ein **Einzelteil** oder -produkt, das nur **einmal** erzeugt wird, z. B. ein Gebäude wie der deutsche Reichstag, ein Staudamm oder eine künstlerische Plastik
- eine **Serie** von Produkten als **begrenzte Anzahl gleicher Artikel** in einem Auftrag, z. B. eine Werkzeugmaschinenserie
- **Massenprodukte**, die **unverändert in großer Stückzahl** gebaut werden, z. B. Haushaltssicherungen, Batterien, Schrauben oder Glühbirnen (REFA Bundesverband e. V. 1991)

Bei der Fertigung von Teilen bestimmt die Art der Wiederholung und die benötigte Stückzahl die Art und Struktur des Fertigungssystems.

Bei der **Großserie/Massenfertigung** kommen zum Einsatz:

- Maschinen mit Parallelschaltung von Prozessen, die in der Lage sind, Teile an zwei oder mehr Spindeln simultan zu bearbeiten
- automatische Handhabung von Rohmaterialien und Fertigteilen (Dangelmaier 1999)
- große Werkzeugspeicher mit redundanten Werkzeugen und eine rüstoptimierte Fertigungsfolge
- verkettete Spezialmaschinen (REFA Bundesverband e. V. 1991)
- starre Abläufe mit wenig Varianz

Mensch und Maschine sind bei der Großserie/Massenproduktion möglichst entkoppelt (Binner 2004).

Bei der **Einzel-/Kleinserie** sinkt der Automatisierungsgrad der Handhabung aufgrund der Teilevielfalt und damit der zu bewegenden unterschiedlichen Geometrien. Derartige Aufträge fordern auch eine höhere Flexibilität bei der Bearbeitung und in der Maschinenstruktur.

Hier werden

- Universalmaschinen ohne Parallelbearbeitungsmöglichkeit,
- manuelle Handhabung sowie
- ein flexibler Materialfluss zwischen den Maschinen (REFA Bundesverband e.V. 1991)

eingesetzt. In der Montage werden Massenprodukte vollautomatisch produziert, wenn es die Gestaltung des Produkts erlaubt. Bei Serienprodukten sinkt die Automatisierung aufgrund der geringeren Stückzahlen. Beim Einzelprodukt wird hauptsächlich manuell gearbeitet.

5.2.2.2 Analyse des Produktionsprogramms

Um Abläufe in der Produktion zu planen, muss bekannt sein,

- welche Kapazität zu welchem Zeitpunkt benötigt wird,
- welche Kosten ein Produkt verursachen darf,
- welche Flexibilität benötigt wird und
- wie lange ein Produkt hergestellt wird.

Hierzu ist das Produktionsprogramm hinsichtlich der in der Produktionsperiode geforderten Stückzahlen zu analysieren. Die Analyse des Produktionsprogramms kann in folgenden Schritten vorgenommen werden:

1. Die Plausibilität und Vollständigkeit der Daten werden geprüft.
2. Die Planungsaufgabe muss definiert und festgeschrieben werden.
3. Die geforderten Stückzahlen werden analysiert. Die Veränderungen und Schwankungen der Stückzahlen werden festgehalten.
4. Es gilt zu klären, ob Veränderungen einmalig oder zyklisch auftreten.

Für eine derartige Analyse benötigt man das aktuelle Produktionsprogramm, dessen Vorgänger und Nachfolger. Die Planungsaufgabe ist mit dem zu analysierenden Produktionsjahr verknüpft.

Produktionsjahr	mögliche Planungsaufgabe
Vorjahr	Nachkalkulation und Plausibilitätscontrolling
Laufendes Jahr	Umplanung einer laufenden Produktion
Folgejahr	Neuplanung

Die Analyse des Folge- bzw. des Vorläuferjahres beantwortet die Frage, ob etwaige festgestellte Änderungen der Stückzahlverläufe einmalig oder zyklisch erfolgen.

Anhand von drei typischen Produktionsprogrammen sollen dieses Vorgehen und die daraus resultierenden möglichen planerischen Überlegungen beispielhaft veranschaulicht werden.

Fallbeispiel Welle

Das erste Beispiel zeigt in Bild 5.11 ein Produktionsprogramm für Drehteile. Angegeben sind die monatlichen Stückzahlen für fünf unterschiedliche Wellen. Das Produktionsjahr ist nicht bezeichnet.

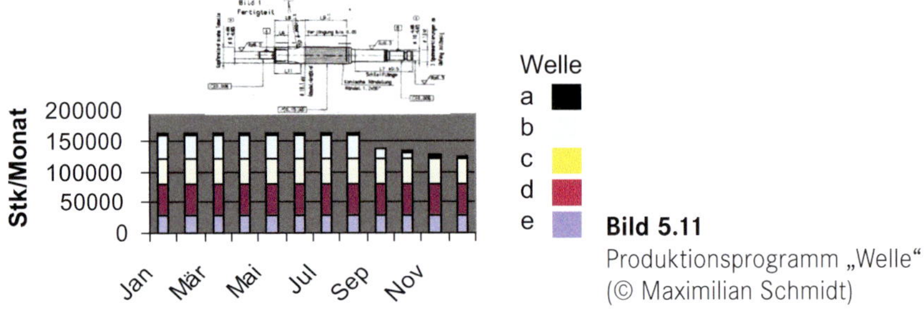

Bild 5.11
Produktionsprogramm „Welle“
(© Maximilian Schmidt)

Die Analyse liefert folgende Informationen:

1. Die Prüfung auf Plausibilität und Vollständigkeit der Information ergibt, dass es sich bei der fehlenden Zeitangabe um das nachfolgende Produktionsjahr handelt.
2. Die Planungsaufgabe kann damit als Neuplanung eingestuft werden.
3. Die Stückzahlen im Produktionsprogramm der Wellen a bis e zeigen Folgendes:
   - Es werden hohe, konstante Stückzahlen der Typen c, d und e produziert.
   - Variante b (hellblau) in anfangs hoher Stückzahl wird Ende des Jahres nicht länger produziert.
   - Welle a (schwarz) soll mit konstanter, kleiner Stückzahl als mögliches Ersatzteil gefertigt werden.
4. Die Veränderungen in diesen Stückzahlen sind einmalig.

Für die Planung des Produktionssystems lässt sich schließen:

- Für die Typen c, d und e empfiehlt es sich, auf Großserien- oder Massenfertigung eingerichtete Maschinensysteme mit Doppelspindeln und automatischer Handhabung einzusetzen.
- Die Variante b könnte in einem flexiblen, universellen System gefertigt werden, das ein eventuelles Nachfolgeprodukt oder Alternativprodukt bearbeiten kann.

- Das Ersatzteil a in einer Kleinserie wird auf Universalmaschinen geplant und rein manuell gehandhabt. Eine Alternative wäre, das Ersatzteil fremd zu vergeben oder eventuell als Musterstück in der Lehrwerkstatt zu fertigen.

Fallbeispiel Kfz

Das Produktionsprogramm in Bild 5.12 zeigt das Kapazitätsprofil einer Montagelinie in einem ausgelasteten Automobilwerk. Es werden vier Typen eines Fahrzeugs mit einer Gesamtstückzahl von 800 Einheiten pro Tag produziert. Die Planungsaufgabe betrifft die Montage der Fahrzeugtüren.

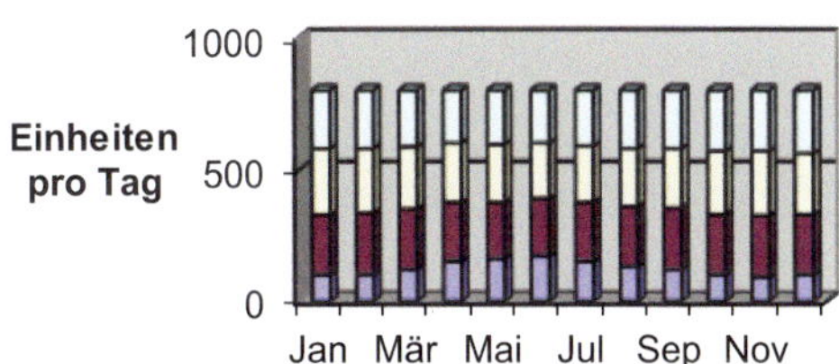

Bild 5.12 Produktionsprogramm eines Kfz-Herstellers (© Maximilian Schmidt 2011)

Die Analyse liefert folgende Informationen:

1. Die Prüfung der Plausibilität und Vollständigkeit der Daten ergibt, dass in Blau ein Cabrio mit zwei großen Türen, in Rot ein Coupé mit zwei großen Türen, in Gelb eine Limousine mit vier unterschiedlichen Türen und in Hellblau ein Variant mit vier unterschiedlichen Türen als Fahrzeugvarianten montiert werden sollen. Die Fahrzeuge und deren Türen werden in Losgröße 1 produziert.

Typ	Türenarten	Türenzahl
Cabrio	große Fronttür 1	2
Coupé	große Fronttür 1	2
Limousine	große Fronttür 2, kleine Hecktür	4
Variant	große Fronttür 2, kleine Hecktür	4

2. Die Planungsaufgabe ist eine Anpassung der laufenden Türenmontage an mögliche Änderungen der Stückzahlen im Jahresverlauf (Umplanung).
3. Die Stückzahlen und Kapazitätsanforderungen der zu montierenden Fahrzeugtüren haben Folgendes zu bedeuten:

- Es gibt saisonale, leichte Verschiebungen innerhalb des Programms.
- Das Produktionsprogramm im Sommer fordert mehr Cabrios/Coupés und damit weniger Türen als im Winter. Im Winter müssen mehr Limousinen/ Variants montiert werden. Damit steigt die Zahl der Türen, die eingebaut werden müssen.

4. Die Veränderungen treten jährlich und zyklisch auf.

Für die zu betrachtende Montage bedeutet dieses Produktionsprogramm, dass monatlich unterschiedliche Stückzahlanforderungen bei den verschiedenen Türenarten auftreten.

Daraus kann man für die Planung des Produktionssystems schließen:

- Schwankungen in den Arbeitsinhalten betreffen Änderungen in den benötigten Ressourcen in der Logistik (Teile, Baugruppen, Behälter), bei den Menschen und in der Hallenfläche.
- Es ist eine hohe Flexibilität des Systems gefordert.

Für die umzuplanenden Montagelinien lässt sich ableiten:

- Losgröße 1 im Automobilbau verhindert eine kostensenkende Automatisierung in der Montage. Das System arbeitet rein manuell oder bei entsprechenden Anforderungen maschinell unterstützt.
- Die Montagelinien sind auf die unterschiedlichen Türengrößen spezialisiert, um Platzverschwendung zu vermeiden, und fertigen segmentiert (d. h. die Linie fertigt nur einen Türentyp).
- Es muss eine monatliche Umplanung der Ressourcen und Logistik vorgenommen werden, die Mitarbeiter werden von einer Linie zur nächsten verschoben.
- Das Werk arbeitet mit einem auf minimale Kapazität ausgelegten Mitarbeiterstamm und gleicht Kapazitätsengpässe mit Leiharbeitern aus.

Fallbeispiel Werkzeugmaschine

Das dritte Beispiel betrifft die Produktion von Investitionsgütern. Bild 5.13 zeigt das Produktionsprogramm einer schweren Fräsmaschine. Die sehr kleinen Stückzahlen dieses Produkts schwanken jährlich um bis zu 100 %. Die Aufgabe der Planung ist es, die Endmontage der vier Maschinentypen zu gestalten. Dabei sind die jährlich wiederkehrenden, zyklischen Veränderungen in die Produktionsanforderungen einzubeziehen.

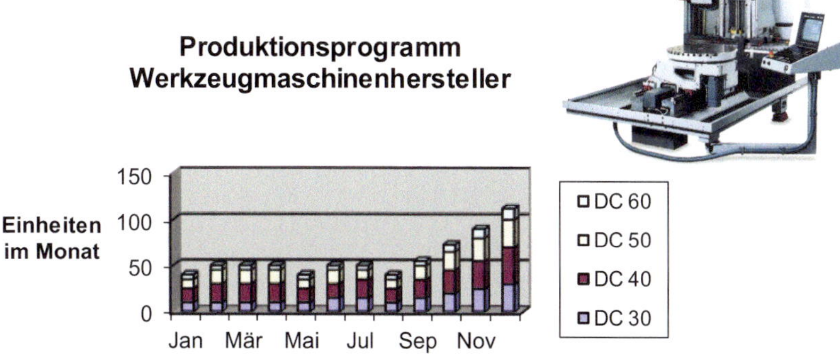

Bild 5.13 Produktionsprogramm einer Fräsmaschine (© Maximilian Schmidt, Bild: © DMG Mori AG)

Die Analyse liefert folgende Informationen:

1. Die Prüfung der Plausibilität und Vollständigkeit der Daten ergibt, dass es sich bei dem zu planenden Produktionsjahr um das Folgeproduktionsjahr handelt.
2. Die Planungsaufgabe kann als Neuplanung aufgefasst werden.
3. Die Analyse der Kapazitätsanforderungen der vier Fräsmaschinen zeigt, dass von Beginn des Jahres bis zum August ca. eine Maschine pro Tag produziert werden soll. Die Stückzahlen wachsen ab September und erreichen im Dezember ca. das Doppelte des Ausgangswertes. Der Bedarf an den Ressourcen Mensch, Maschine, Raum, Werkzeuge, Teile und Baugruppen steigt.
4. Dieser Verlauf ist jährlich wiederkehrend.

Die extremen Unterschiede von Dezember und Januar bedeuten für die Planung des Produktionssystems, dass eine Produktion in Kleinserie oder als Einzelprodukt zu entwerfen ist, die flexibel auf diese Schwankungen reagieren kann. Dazu ist es nötig,

- die Lagerhaltungsstrategie entsprechend anzupassen,
- flexible Arbeitszeiten beim Produktionspersonal zu verhandeln und
- eine hohe Flexibilität der Betriebsstätte zu gewährleisten.

Daraus lässt sich die Entscheidung für folgende Produktionsstrukturen ableiten:

- rein manuelle Montage mit mechanisierten Abschnitten, z. B. für Prüfvorgänge
- Vorproduktion oder externer Bezug von Teilen mit zeitlich sehr langem Vorlauf in der Fertigung oder bei der Belieferung
- Montagehallen mit entsprechend Freiraum (wie in Bild 5.14)
- Mitarbeiter mit Zeitkonten (Überstunden ab August, Betriebsurlaub im Januar zum Abbau von Zeitguthaben)

Bild 5.14 Montagehalle von Fräsmaschinen (© Maximilian Schmidt 1992)

5.2.2.3 Analyse von Randbedingungen

Neben den Kostenvorgaben für ein Produkt spielen lokale, zum Teil politisch bedingte Randbedingungen für die Planung eines Produktionssystems eine wichtige Rolle. Die Wahl eines Produktionsstandorts hängt also nicht nur vom Produkt, der geplanten Stückzahl und der geforderten Effizienz ab.

Hierzu sollen zwei beispielhafte Aspekte genannt werden, die es möglicherweise zu berücksichtigen gilt.

Verfügbarkeit von Personal(-qualifikation)

Die Verfügbarkeit von geeignetem Personal spielt eine wichtige Rolle für die Planung von Produktionssystemen. Beispielsweise sorgen regional ansässige Großbetriebe durch höhere, zum Teil übertarifliche Entlohnung für einen Mangel an Facharbeitern auf dem lokalen Arbeitsmarkt. Firmen, die mit dem Lohnniveau nicht mithalten können, sind gezwungen, eine Vereinfachung der Produktionsschritte zu planen und die zu bedienenden Maschinen anzupassen.

Hochautomatisierte Produktionsanlagen benötigen geschultes Personal, das im Fall von Kapazitätsengpässen nicht einfach vom Markt gekauft werden kann. Gleiches gilt für Facharbeiter im Maschinenbau.

Verfügbarkeit von Personal(-quantität) und Arbeitszeit

Zu Beginn der 1980er-Jahre setzten die Gewerkschaften in Deutschland die Verkürzung der Arbeitszeit mit vollem Lohnausgleich als Schlüssel zu mehr Beschäftigung durch. 1984 wurde im Tarifbereich der IG Metall die 40-Stunden-Woche beim Tarifabschluss unterschritten. Die Überlegung war dabei: Je kürzer die verfügbare Arbeitszeit in einem Produktionsbetrieb ist, desto mehr Personal wird für Produktionstätigkeiten benötigt. Ziel der Gewerkschaften war die Schaffung neuer Stellen durch Verknappung der Arbeitszeit und damit der Ressource Mensch (Eberling et al. 2004).

Die Produktionsplanung der Siemens AG beantwortete noch im selben Jahr 1984 diese Entwicklung und schaffte eine zentrale Automatisierungsabteilung mit über 80 Ingenieuren. Sie entwickelte und baute Automatisierungsanlagen für alle deutschen Werke des Konzerns, die Massenproduktionen von Haushaltsgeräten, Elektronikkomponenten und Telekommunikation ausführten. Die durch die Arbeitszeitverkürzung wegfallende Kapazität wurde hier sukzessive durch Industrieroboter ersetzt und ausgeglichen.

5.2.3 Berechnung der Soll-Taktzeit

Im Planungsprozess muss die im Produktionsprogramm geforderte Stückzahl pro Zeiteinheit mit den verfügbaren Ressourcen an Maschinen und Menschen abgestimmt werden oder es müssen neue Produktionsfaktoren geschaffen werden.

Die Forderung einer bestimmten Menge pro Zeiteinheit definiert die vorgegebene Produktionsleistung, beispielweise wie in Bild 5.12 von 800 Fahrzeugen pro Tag. Die zur Verfügung stehende tägliche Produktionszeit (laut REFA auch Arbeitszeit) quantifiziert die Zeitdauer, die die Produktionsressourcen für die Erstellung der 800 Einheiten nutzen können. Für 800 Fahrzeuge könnte das Produktionswerk beispielweise im Dreischichtbetrieb täglich 24 Stunden an Arbeitszeit der Werker als Betriebszeit aufwenden.

Teilt man die zur Verfügung stehende Betriebs- oder Produktionszeit durch die **geforderte Stückzahl pro Zeiteinheit**, auch **Soll-Mengenleistung** genannt, erhält man die Zeiteinheit, die für ein Produkt theoretisch durchschnittlich als Arbeitstakt oder Takt verwendet werden kann. Sie ist die Zeitdauer, die für die Fertigstellung einer Mengeneinheit theoretisch zur Verfügung steht (REFA Bundesverband e. V. 1991). Um Störungen und kurzfristige Unterbrechungen des Ablaufs zu berücksichtigen, wird diese Taktzeit mit einem Bandwirkungsgrad < 1,0 multipliziert (REFA Bundesverband e. V. 1991).

Unter **Soll-Taktzeit** ist die Frequenz gemeint, in der ein Produktionssystem seine Produkte ausstoßen soll. Sie ist wie folgt definiert (REFA Bundesverband e. V. 1991):

$$\text{Soll-Taktzeit} = \frac{\text{Produktionszeit}}{\text{Soll-Mengenleistung}} \cdot \text{Bandwirkungsfaktor}$$

Am Beispiel der Fahrzeugproduktion ergäbe das folgende Soll-Taktzeit:

$$\text{Soll-Taktzeit} = \frac{1440\,\text{Minuten}}{800} \cdot 0{,}8 = 1{,}44 \text{ Minutenpro Einheit}$$

Die Soll-Taktzeit hängt also neben der im Produktionsprogramm festgelegten Zielmenge von den folgenden Faktoren ab:

- der Betriebszeit als verfügbarer Produktionszeit von Maschinen, Transport- und Betriebsmitteln (eine, zwei, drei oder mehr Schichten)
- der verfügbaren Arbeitszeit der Werker
- der Häufigkeit und Dauer von Störungen

Die Betriebszeit kann mit der Arbeitszeit der Werker harmonieren, wird jedoch durch eine steigende Flexibilisierung der Arbeitszeit zunehmend ausgedehnt und den Marktanforderungen angepasst. Laut einer Studie der Hans-Böckler-Stiftung von 2004 wird die Wochenendarbeit ausgeweitet. Es findet eine Zunahme von Schicht- und Nachtarbeit statt. Der Anteil der Beschäftigten mit Überstunden stieg z.B. von 1989 bis 1999 von 35% auf 56%. Arbeitszeitkonten finden fast überall Verwendung (Eberling et al. 2004). Der Verein Deutscher Ingenieure VDI prognostizierte 2016 für die gesamte deutsche Wirtschaft in den kommenden zehn bis fünfzehn Jahre eine leichte Zunahme der tariflichen wöchentlichen Arbeitszeit, die derzeit bei 38 Stunden liegt. Ansteigen werde auf jeden Fall die Lebensarbeitszeit (VDI Nachrichten 2016).

Je länger die Betriebszeit ausgedehnt werden kann, desto länger ist der vorgegebene Soll-Takt in der Produktion. Je geringer der Wirkungsgrad der Maschinen ausfällt, desto niedriger muss die Soll-Taktzeit angesetzt werden. Dies hat bei einer getakteten Produktion unmittelbaren Einfluss auf die Zahl der zu planenden Arbeitstakte und der einzusetzenden Betriebsmittel und Arbeitskräfte, da der abzuliefernde Arbeitsinhalt zur Fertigung und Montage eines Produkts dabei gleich bleibt.

Die Soll-Taktzeit als Leistungsvorgabe ist eine Basis zur Berechnung der für die Produktion benötigten Arbeitsplätze.

5.2.4 Bestimmung der Anzahl der Produktionsplätze

Nachdem die Leistungsvorgabe für die Produktion mit der Soll-Taktzeit ermittelt ist, kann die Zahl der zur Produktion nötigen Arbeitsplätze berechnet werden. Hierzu sollte in folgenden Schritten vorgegangen werden:

1. Berechnung der minimal nötigen Arbeitsplätze
2. Addition der Wartezeiten und Taktverluste zu den Arbeitsplätzen

3. Berücksichtigung von zeitbestimmenden Varianten
4. Addition von zusätzlich nötigen Arbeitsplätzen, beispielsweise für Nacharbeit

5.2.4.1 Minimal nötige Arbeitsplätze

Die **Soll-Taktzeit** gibt die Leistung eines Produktionssystems an. Im Beispiel des Fahrzeugbaus müsste durchschnittlich alle 1,44 Minuten oder rund 87 Sekunden ein Fahrzeug das Werk verlassen, um die geplante tägliche Stückzahl von 800 Einheiten zu erreichen. Die **Produktionszeit eines Fahrzeugs** beträgt allerdings nicht 87 Sekunden. Bei Mittelklassefahrzeugen werden als geplante Produktionszeit ca. 30 - 35 Stunden veranschlagt.

Die minimal nötigen Arbeitsplätze in einer Produktion berechnen sich nach der folgenden Formel:

$$\text{Minimal nötige Arbeitsplätze} = \frac{\text{Planmäßige Produktionszeit des Produkts}}{\text{Soll-Taktzeit}}$$

Zur Berechnung der minimal nötigen Arbeitsplätze muss zunächst die **gesamte planmäßige Produktionszeit eines Produkts** berechnet werden. Hierzu wird die **Soll- oder Vorgabezeit** der einzelnen Produktionsschritte summiert.

Die Soll- oder Vorgabezeit kann auf zwei prinzipiell unterschiedlichen Wegen ermittelt werden:

- durch Messung der Ist-Zeit und Multiplikation mit dem beurteilten Leitungsgrad
- durch Bestimmung der Soll-Zeit durch z. B. Berechnung einer Maschinenlaufzeit, Zusammensetzung der Soll-Zeit aus Planzeitkatalogen (beispielsweise MTM) oder Schätzung (REFA Bundesverband e. V. 1992)

Da die Bestimmung der Soll-Zeit aus der Ist-Zeit eine Messung von real existierenden Vorgängen voraussetzt, die es in der Planungsphase oft noch nicht gibt, schlage ich für die weitere Vorgehensweise das Planungstool MTM vor (je nach Stückzahlstruktur das Grundverfahren MTM-1 oder UAS, siehe Kapitel 4). Hier kann ohne den Aufbau von Produktionssystemen eine Soll-Zeit für das Produkt ermittelt werden.

Die **gesamte planmäßige Montagezeit als Soll-Zeit** ergibt sich aus

- der Summe aller Verbindungszeiten (siehe Kapitel 3),
- der Summe aller unterstützender Zeiten zum Handhaben von Teilen, Justieren, Prüfen etc. sowie
- der Summe aller planmäßigen Unterbrechungs- oder Wartezeiten.

Bild 5.15 zeigt den Aufbau der Soll-Montagezeit mit MTM-1-Bewegungsprozessen.

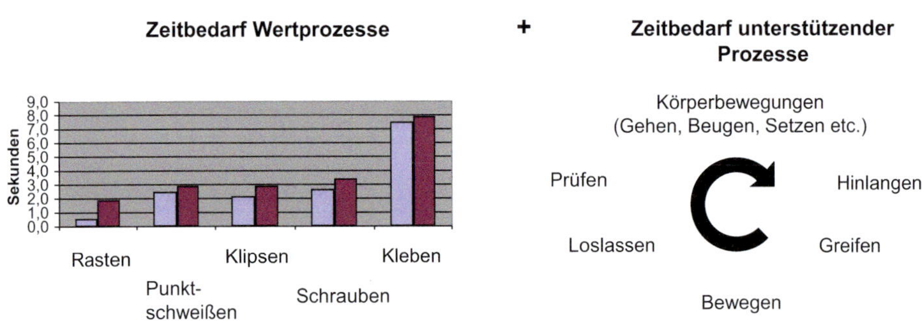

Bild 5.15 Geplante planmäßige Montagezeit als Soll-Zeit (© Maximilian Schmidt)

REFA bezeichnet diese **Soll-Zeit als Grundzeit.** Die Grundzeit tg besteht dabei aus der Tätigkeitszeit tt und der Wartezeit tw:

$$tg = tt + tw$$

Die Tätigkeitszeit tt besteht, in Analogie zu den in Bild 5.15 dargestellten MTM-1-Prozessen, aus der Summe der Soll-Zeiten aller Ablaufabschnitte, die für die planmäßige Ausführung eines Ablaufs durch den Menschen erforderlich sind. Sie beziehen sich auf die Mengeneinheit 1. Die Wartezeit tw besteht aus der Summe der Soll-Zeiten aller planmäßigen Unterbrechen MA (REFA Bundesverband e.V. 1992).

In diesem Buch wird die Wartezeit nur in den minimal nötigen Arbeitsplätzen integriert, wenn die planmäßige Unterbrechung prozessbedingt ist.

Dies ist der Fall, wenn es sich bei diesen Warteprozessen beispielweise um

- das Aushärten von Klebstoff oder
- das Reagieren einer Anlage auf das Auslösen eines Schalters

handelt. Ansonsten wird die Wartezeit addiert (siehe Abschnitt 5.2.4.2).

Das eingangs erwähnte Beispiel aus dem Fahrzeugbau käme zu folgendem Ergebnis: Bei einer Soll-Taktzeit von rund 87 Sekunden und einer Montagezeit von angenommenen 30 Stunden (inklusive aller planmäßigen Wartezeiten) ergäbe sich ein Bedarf von 1250 Arbeitsplätzen, um die gewünschte Menge täglich herzustellen:

$$\text{Minimal nötige Arbeitsplätze} = \frac{108\,000\,\text{sec}}{86{,}4\,\text{sec}} = 1250$$

5.2.4.2 Addition der Wartezeiten/Taktverluste

Bei der weiteren Planung von Produktionssystemen werden die in Abschnitt 5.2.4.1 ermittelten Soll-Montage- oder Fertigungsinhalte und deren Zeiten auf die einzelnen, minimal nötigen Soll-Arbeitsplätze verteilt. Idealerweise kann dem Arbeitsplatz 100 % der zu leistenden Arbeit zugewiesen werden. Dann deckt sich die reale Arbeitsplatzanzahl mit den minimal nötigen Produktionssystemen. In der Realität ist das nicht möglich. **Wartezeiten**, die nicht prozessbedingt sind, addieren sich zu den Soll-Montagezeiten. Auch kann der Arbeitsinhalt nicht immer so exakt aufgesplittet werden, dass eine hundertprozentig genaue Zuweisung machbar ist. Der Takt ist in diesem Fall nicht zu 100 % auffüllbar, die Differenz wird als **Taktverlust** bezeichnet.

Bild 5.16 zeigt diese Auswirkung der beiden Effekte an einem Beispiel des Automobilrohbaus. Die aufgeführte Schweißanlage besteht aus insgesamt 14 realen Arbeitsplätzen. Die Auslastung der Arbeitsplätze schwankt von 50 bis 100 %. Dies ist bedingt durch eine suboptimale Zuweisung der Arbeitsinhalte auf die einzelnen Schweißzellen und Wartezeiten in den Schweißanlagen.

Die vierzehn eingeplanten Arbeitsplätze (J14L bis J29L) sind zu 59 % mit Arbeit befüllt. Der Werker des Schweißplatzes J26L ist ausgelastet. Alle anderen Werker müssen in den Arbeitstakten warten. Dies bedeutet, dass zu den ursprünglich minimal möglichen neun Schweißplätzen noch fünf zusätzliche Produktionszellen durch Wartezeiten/Taktverluste hinzukommen.

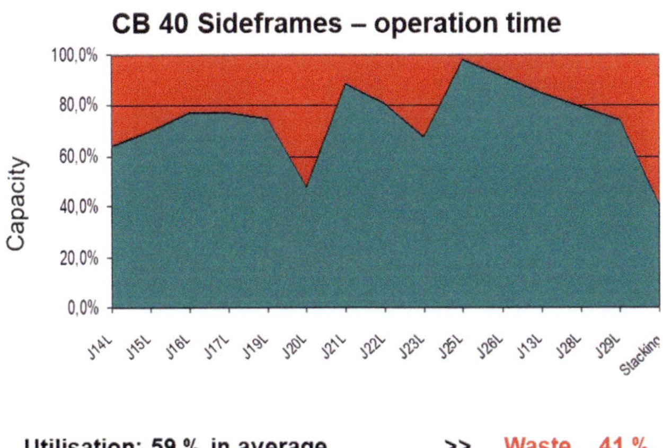

Bild 5.16 Automobilrohbau: Nutzung der Arbeitstakte (© Maximilian Schmidt)

5.2.4.3 Berücksichtigung von zeitbestimmenden Varianten

Abschnitt 5.2.1.1 diskutiert die verschiedenen **Varianten** eines Produkts unter dem Gesichtspunkt der zeitlichen Auswirkung auf die Produktion. Es wird zwischen **nicht zeitbeeinflussenden Varianten** und solchen unterschieden, die eine **Verkürzung oder Verlängerung der Produktionszeit** mit sich bringen.

Nicht beeinflussend sind beispielweise Farbvarianten, die in der Regel durch logistische Nachschubgestaltungen wie Just-in-time-[2] oder Just-in-sequence-Zuführungen[3] berücksichtigt werden.

Bei der Berechnung der Zahl der Arbeitsplätze haben nur die zeitbeeinflussenden Varianten eine Bedeutung für den Arbeitsinhalt, die Montageplanung und die Zahl der Arbeitsplätze. Die Berechnung der Arbeitsplätze bei veränderlichen Inhalten kann prinzipiell nach zwei Methoden erfolgen:

- **Methode A:** Die Berechnung legt zu 100 % ein Auftreten der **Maximalvariante** zugrunde. Die größtmöglichen Arbeitsinhalte werden bei der Berechnung der Arbeitsplätze angenommen und damit der Soll-Takt im Regelfall niemals überschritten (Beispiel in Bild 5.16).
- **Methode B:** Man stellt fest, dass die Maximalvariante nicht immer auftritt, sondern sich Produkte mit kleinen und großen Arbeitsinhalten abwechseln. Bei der Planung der Produktionsanlage wird eine Mischung von Produkten mit größeren und kleineren Arbeitsinhalten angenommen und von der Produktionsplanung eingestellt. So wechseln sich beispielsweise (wie in Bild 5.17) zwei- und viertürige Fahrzeuge in einem bestimmten Rhythmus ab. Bei der Berechnung der Arbeitsplätze wird nun eine **mittlere Arbeitsbelastung (Average Workload)** angenommen, sodass im Mittel der vorgegebene Soll-Takt nicht überschritten wird (siehe Abschnitt 2.2.2, insbesondere Bild 2.13 und Bild 2.14).

Methode A – Maximalvariante (am Beispiel des Automobilbaus)

Im Automobilbau werden zwei- und viertürige Fahrzeuge eines Typs in einer gemeinsamen Montagelinie produziert. Die Arbeitsinhalte innerhalb der Fahrzeugtypen variieren und fordern an der Endmontagelinie und in den zuarbeitenden Vormontagen (z. B. der Türmontage) unterschiedliche Ressourcen an Menschen und Betriebsmitteln.

Die Methode A (Maximalvariante) geht davon aus, dass in jedem Montagefall statt zweitüriger Fahrzeuge nur viertürige Derivate vorliegen. Im Fall eines Fahrzeugs

---

[2] Just-in-time-Konzept: Das benötigte Material wird produktionssynchron beschafft (Schulte 2009).

[3] Just-in-sequence-Belieferung: Teile oder Module werden in der Produktionsreihenfolge des Kunden angeliefert (Schulte 2009).

mit geringerem Arbeitsinhalt muss der Werker warten. Dies führt zu folgender Situation:

- Die Zahl von Arbeitsplätzen ist maximal.
- Es liegt eine minimale Nutzung der Produktionskapazitäten vor.
- Die Durchlaufzeit und die Kosten sind maximal.

Methode B – Average Workload (am Beispiel des Automobilbaus)

Diese Planungsalternative mischt die Varianten und deren Einflüsse. Für die Berechnung der Arbeitsplätze wird eine mittlere Arbeitsbelastung der Werker zugrunde gelegt. **Voraussetzung dafür ist eine kontinuierliche Bewegung des Produkts** und die Möglichkeit, dass ein Werker mit dem Fahrzeug driften kann und nicht in seiner Bewegung behindert wird.

Im Fall der in Bild 5.17 gezeigten Fahrzeugmontage würde der Mitarbeiter bei einem Viertürer und dessen größerem Arbeitsinhalt 2 das Fahrzeug einen längeren Weg arbeitend begleiten, um anschließend zum Zweitürer zu wechseln. Nun ist bei kleinerem Arbeitsumfang 1 auch der Weg, den der Werker und das Fahrzeug zurücklegen, geringer. Im Mittel ist der Arbeitsinhalt in jedem Fall kürzer (50 % von Arbeitsinhalt 1 + 2) als der maximale Arbeitsinhalt 2.

Dies sei an einem Rechenbeispiel verdeutlicht:

- Arbeitsinhalt 1 – Zweitürer: Montagezeit im Takt 75 Sekunden
- Arbeitsinhalt 2 – Viertürer: Montagezeit im Takt 95 Sekunden
- Mittlerer Arbeitsinhalt: $MA = 0{,}5 \cdot (75 + 95) = 85$ Sekunden (oder rund 11 % geringer als die Maximalvariante 2)

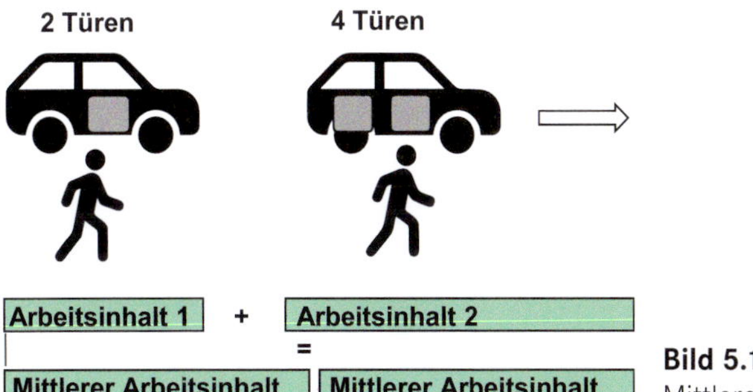

Bild 5.17 Mittlere Arbeitsbelastung

5.2.4.4 Addition zusätzlicher Arbeitsplätze

Die Zahl der real nötigen Montage- und auch Fertigungsarbeitsplätze steht nach der Festlegung der Varianteneinflüsse fest. Offen ist noch, wie viele zusätzliche Stellen für Tätigkeiten der Qualitätsprüfung und Nacharbeit hinzukommen, die nicht im Arbeitsplan, in der Vorgabezeit und damit in den vorherigen Planungsschritten berücksichtigt wurden. Zur deren Auslegung sollten empirische Daten von Vergleichsprodukten herangezogen werden. Diese „Fehlerplätze“ können zahlenmäßig und temporär stark schwanken und hängen z. B. von folgenden Faktoren ab:

- Anlaufkurven bei neuen Produkten durch Lernkurven bei Mitarbeitern (Neueinstellung, neue Technologie an Produkt und in der Produktion)
- Anlaufverhalten von mechanischen Produktionssystemen
- Qualitätsmängel der Zulieferteile
- Schwankungen der Motivation der Mitarbeiter
- Änderungen am Produkt
- Verschleiß von Anlagen
- Fehlverhalten von Mitarbeitern

Zu diskutieren ist weiter, ob diese Arbeitsplätze in der Montagelinie integriert (inline) oder nach der Fertigstellung des Produkts (offline) angeordnet werden. In jedem Fall erhöhen sie die Zahl der Arbeitsplätze in der Produktion.

5.2.5 Platzmontage oder Produktion im Fluss

Nachdem die Zahl der Produktionsarbeitsplätze feststeht, gilt es zu entscheiden, ob ein Produkt am Platz oder im Fluss produziert werden soll.

Montage im Fluss (siehe Abschnitt 2.2.2) bedeutet, dass das Produkt bewegt wird und der Mensch, die Bauteile und Betriebsmittel stationär am Arbeitsplatz bleiben. Dieses Produktionsprinzip wurde unter Henry Ford bereits 1913 eingesetzt, als er das Ford Model T erstmals auf einem Montageband produzierte. Die Organisation der Fabriken in Detroit konzentrierte sich dabei auf den Transport von Teilen zu den Arbeitsplätzen und des Produkts durch die Montagehallen.

Die Produktion kann mit folgenden Spezifika beschrieben werden:

- Ketten und Bänder bringen das Material an das Band.
- Das Massenprodukt ist leicht zu reproduzieren, d. h., es gibt nur ein Produkt („You can have any colour until it is black“).
- Die Arbeitsschritte sind in kleinste Einheiten heruntergebrochen und von ungelernten Arbeitern zu bewerkstelligen.

Dieses Prinzip kopierten alle amerikanischen Fahrzeughersteller. Dies führte zu einer Abwanderung der Automobilindustrie von Europa nach Nordamerika. 1930 kamen ca. 98 % der weltweiten Automobilproduktion von dort (Honermeier 1925, Sekine 1995).

Bild 2.16 zeigt die möglichen Einsatzbereiche der Fließfertigung. Sie ist anzuwenden, wenn

- größere Produktmengen,
- Produkte mit einer Grundfläche kleiner 10 m² oder
- Produkte, die problemlos transportiert werden können

vorliegen.

Baustellen- oder Platzmontage bedeutet, dass man alle Montageschritte an einer Stelle stationär ausführt. Das Produkt wird an einem Arbeitsplatz versandfertig montiert (Lotter 1994). Erst nach der Fertigstellung findet eine Bewegung des Produkts statt. Menschen, Betriebsmittel und Teile sind beweglich und werden zum Montageplatz gebracht.

Im Vergleich zur Flussmontage wird der Werker nicht gezwungen, mit seinem Arbeitsgang fertig zu werden, wenn sich das Produkt zum nächsten Montageplatz bewegt. Schon aus diesem Grund misst man in der Platzmontage in der Regel einen höheren Anteil an Warte- und Liegezeiten.

Die Tatsache, dass alle Teile, wie beim Hausbau, zum entstehenden Produkt gebracht werden, schafft zusätzlich Koordinationsaufgaben und logistische Probleme. Dies führt häufig zu höheren Liege- und Durchlaufzeiten (REFA Bundesverband e. V. 1992).

Sollte eine Platzmontage aufgrund einer geringen Stückzahl oder der Produktcharakteristik zum Einsatz kommen müssen, gilt es auch hier, die einzelnen Produktionsschritte zu planen und zu überwachen. Vorgabezeiten sind von entscheidender Bedeutung.

Bild 5.18 zeigt ein Beispiel aus dem Werkzeugmaschinenbau. Die Arbeit, beispielsweise den Fräskopf zu zentrieren, wurde in Arbeitsplänen eingebunden, die Meilensteine (M1, M2) für deren Ausführung beinhalten. Der damit verknüpfte Barcode muss vom Werker zu Beginn seiner Produktionstätigkeit eingelesen und dem Produktionsplanungs- und Steuerungssystem als Fortschritt gemeldet werden.

Arbeitsschritt	Meilenstein	Barcode
Fräskopf zentrieren	M1	[Barcode]
Achtmal M 10 x 30 ansetzen und festschrauben		
Momente prüfen		
Hydraulikleitung greifen	M2	[Barcode]

Bild 5.18 Beispiel einer Montageunterlage in der Werkzeugmaschinenmontage (© Maximilian Schmidt)

Platzmontage sollte in der Serien- oder Massenproduktion vermieden werden. Die Montage im Fluss ist hier eindeutig von produktivem Vorteil. Die Produktion setzt eine Taktmontage im Fluss in der Regel bei größeren Serien- oder Massenstückzahlen ein.

5.2.6 Materialfluss zwischen den Arbeitsplätzen

Bei der Auslegung des Materialflusses zwischen den einzelnen Arbeitsplätzen gilt es zu klären, was, wann, wie, wohin und womit bewegt werden muss. Zum Bewegen des Produkts benötigt man **Transportmittel**, also Betriebsmittel, die das Transportgut fördern, und **Transporthilfsmittel**. Letztere sind Komponenten, wie beispielweise Europaletten, Gitterboxen oder Kleinladungsträger, die das Transportgut aufnehmen und beim Transport helfen.

Transportmittel bewegen das Transportgut aktiv. Man unterscheidet sie nach

- Transportbereich (Linie, Fläche, Raum),
- Transportgut (Schüttgut, Stückgut),
- Transportrichtung (waagerecht, geneigt, senkrecht),
- Beweglichkeit (ortsfest, geführt, frei),
- Technisierungsgrad (manuell, mechanisiert, automatisiert),
- Arbeitsprinzip (stetig, unstetig) sowie
- Transportebene (Flur, Unterflur, Oberflur) (Martin 2000).

Bezogen auf die Häufigkeit des Einsatzes kann man typische Fördermittel unterscheiden. Bei **Massentransport** in der Großserienproduktion kommen **Stetigförderer**, wie z. B. Kreisförderer, zum Einsatz, die eine kontinuierliche Bewegungsmöglichkeit ohne Stillstand anbieten (Ihme 2006). Bei **kleineren Stückzahlen** werden **Unstetigförderer** verwendet, die durch aussetzende, intermittierende Förderung gekennzeichnet sind und zum Transportauftrag geholt werden, wie z. B. Elektrohängebahnen, Krane oder Gabelstapler (Ihme 2006, Martin 2000).

Bei Platzmontage und Fließfertigung haben die Einsatzhäufigkeit und Bewegungscharakteristik einen Einfluss auf die Produktionsplanung.

Platzmontage

Im Fall einer Platzmontage muss man das Produkt in der Regel erst nach seiner Fertigstellung bewegen. Da es sich meistens um Einzel- und Kleinserienproduktionen handelt, kommen Unstetigförderer, wie beispielweise Kran oder Stapler, zum Einsatz.

Montage im Fluss

Die Produktion setzt eine Montage nach dem Flussprinzip in der Regel bei größeren Serien- oder Massenstückzahlen ein. Das Produkt wird von einem Arbeitsplatz zum nächsten bewegt. Der Planer muss entscheiden, welche Transportmittel zwischen den Arbeitstakten zum Einsatz kommen sollen und ob es zwischen den Arbeitsplätzen Puffer gibt (siehe Bild 5.19).

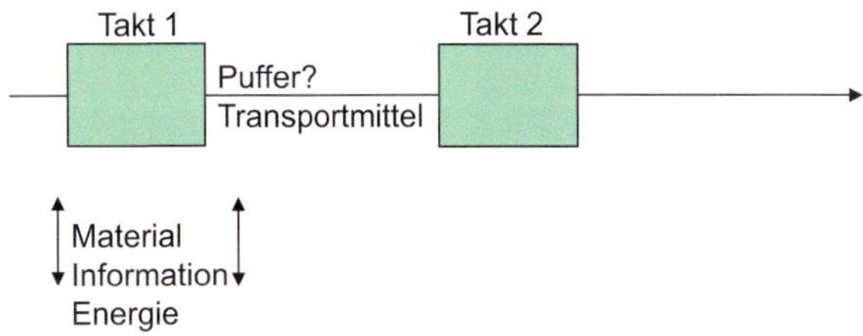

Bild 5.19 Materialfluss in der Taktmontage

Die Auslegung der Transportmittel zwischen den Arbeitstakten hängt davon ab, ob das Produkt kontinuierlich oder diskontinuierlich bewegt werden soll.

Kontinuierliche Bewegungen sind nötig, wenn für eine Montage im Fluss das in Abschnitt 2.2.2 und Abschnitt 5.2.4.3 beschriebene **System der mittleren Arbeitsbelastung** (Average Workload) geplant ist. Hierzu muss das Produkt mit den Werkern ständig bewegt fließen, um eine Pendelbewegung des Werkers zu ermöglichen. Die Geschwindigkeit des Montagebandes ist dabei mit der benötigten Taktzeit synchronisiert. Technisch kann man die kontinuierliche Transportaufgabe mit Stetigförderern (Seil- oder Kettenförderer) oder z. B. im Block bewegten Elektrohängebahnen lösen.

Diskontinuierliche Bewegungen bedeuten, dass ein Produkt zur Fertigung oder Montage am Arbeitsplatz stehen bleibt und sich erst nach der vorgesehenen Taktzeit bei Beendigung der Arbeitsinhalte zum nächsten Arbeitstakt bewegt. Dies trifft man beispielsweise im Automobilrohbau an, um Kollisionen mit der Karosserie zu vermeiden, wenn Schweißroboter die Arbeitsinhalte am ruhenden Fahrzeug ausführen. Bei beengten Platzverhältnissen setzt man dies auch in der manuellen Montage ein. Bild 5.20 zeigt dies an einem Beispiel in der Automobilindustrie.

Bild 5.20 Montage von Fahrzeugtüren mit stehendem Produkt (© Maximilian Schmidt)

Puffer zwischen den Arbeitsplätzen sind etwa Lagereinrichtungen, die Platz benötigen und die Durchlaufzeit verlängern. Ihre Aufgabe ist die Bevorratung von Produkten in begrenzter Kapazität. Setzt man ein derartiges System zwischen zwei Arbeitstakte oder Arbeitsabschnitte, so hat das zum Ziel, Schwankungen auszugleichen, die beispielweise hervorgerufen werden, wenn

- die Mitarbeiter aus persönlichen Gründen den Arbeitsplatz verlassen,
- die Materialversorgung blockiert ist oder
- die Maschinen Störungen aufweisen.

Die Arbeitsplätze können je nach Dimensionierung der Puffer in engen Grenzen diese Schwankungen ausgleichen und somit die Gesamtverfügbarkeit des Produktionssystems verbessern.

Die Frage, ob man Puffer zwischen den Arbeitsplätzen einrichten soll oder nicht, kann durch die Forderung nach einer gewünschten, definierten Betriebsstabilität der Montagelinie beantwortet werden. Je größer die Pufferkapazität ausgelegt ist, desto länger kann die Montagelinie ohne Stillstand arbeiten. Gleiches gilt für die Teileversorgung. Auch hier helfen Puffer, etwaige Lieferschwankungen auszugleichen, und ermöglichen so eine kontinuierliche Montage ohne Stillstände.

5.2.7 Materialfluss am Arbeitsplatz

Der Materialfluss am Arbeitsplatz (siehe Bild 5.21) dient dazu,

- Produkte und Teile für die Produktion bereitzustellen,
- fertige Produkte zur nächsten Produktionsstufe oder zum Versand weiterzugeben (siehe Abschnitt 5.2.6) sowie
- das entstehende Leergut sowie Abfälle abzutransportieren.

Die **Beseitigung leerer Behälter und von Abfällen** am Arbeitsplatz kann man als sporadische Bewegung geringer Transportfrequenz einstufen. Sie wird in der Regel manuell oder, bei höheren Massen, mit mechanischen Hilfsmitteln vollzogen.

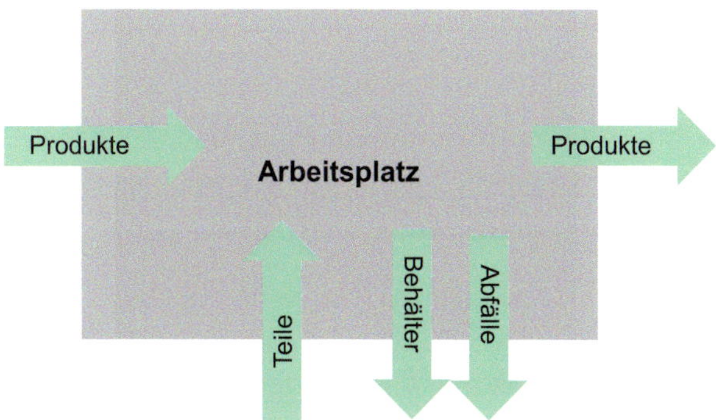

Bild 5.21 Materialfluss am Arbeitsplatz

Die **Organisation der logistischen Versorgung** eines Arbeitsplatzes mit Teilen hängt von zwei Parametern ab:

- der **Verbrauchszeit** von Teilen in der Montage
- der **Lieferzeit** (und Liefersicherheit = Stabilität) der Teile zur Produktion

Die Verbrauchszeit ist identisch mit der Taktzeit bzw. der Vorgabezeit im System. Bei Platzmontage ist dies in der Regel die Summe der Vorgabezeiten aller Montageschritte am Platz, bei Montage im Fluss die Taktzeit des Arbeitsplatzes.

Die Verbrauchszeit definiert, wie schnell ein Arbeitsplatz Teile konsumiert, und bestimmt damit die Zeit, in der ein Teil in einer bestimmten Menge geliefert werden soll. Im weiteren Verlauf soll diese Zeit als **Kundenwunschlieferzeit** bezeichnet werden.

Die **Lieferzeit der Logistik** ist identisch mit der **Durchlaufzeit (DLZ)**, die die Bestellung der Teile durch die Produktion bis zur Übergabe an den Arbeitsplatz umfasst. Erst wenn die Teile für den Monteur verfügbar sind, endet diese. Dabei schlüsselt sich die Durchlaufzeit beispielhaft in folgende Prozesse auf:

- den Bestellprozess durch die Produktion
- die physische Kommissionierung und Bereitstellung der Ware im Lager
- den Transport zum Arbeitsplatz
- die Einlagerung in der Bereitstellungszone der Produktion

Idealerweise stimmen beide Parameter zeitlich überein. Die DLZ ist identisch mit der Kundenwunschlieferzeit (siehe Bild 5.22).

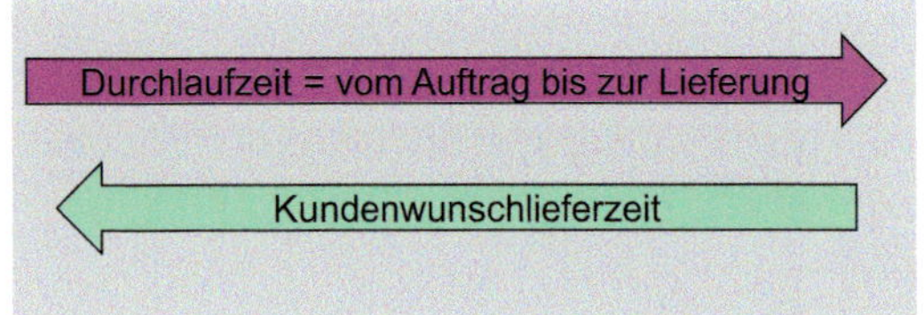

Bild 5.22
Idealvorstellung von Produktion und Logistik

In der Realität lassen sich, wie Bild 5.23 zeigt, zwei unterschiedliche Fälle diskutieren: Im Fall A ist die Durchlaufzeit länger als die Kundenwunschlieferzeit, in Fall B ist die Durchlaufzeit kürzer als die Kundenwunschlieferzeit.

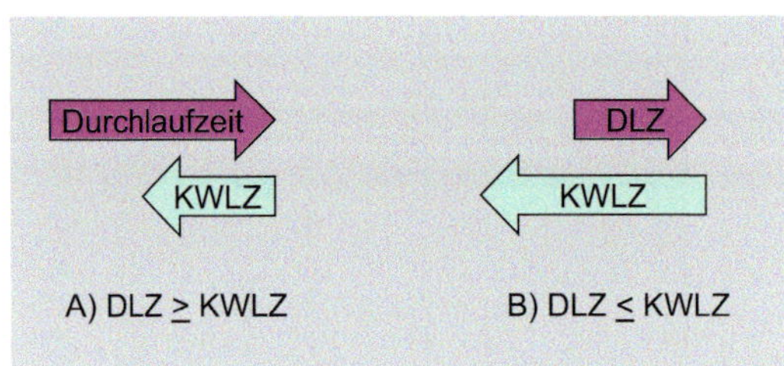

Bild 5.23
Mögliches Verhältnis von Durchlaufzeit und Kundenwunschlieferzeit

Im Fall A will der Kunde auf die Lieferung der benötigten Teile nicht warten, sondern die Teile sollen sofort verfügbar sein. Die Logistik benötigt ein Teilelager vor Ort, um der Montage nach Bedarf den sofortigen Zugriff auf die georderten Teile zu ermöglichen. Dies wäre vergleichbar mit dem Kaufhaus, das seinen Kunden immer an einer bestimmten Stelle Ware anbietet und so den Zugriff erlaubt.

Im Fall B kann schneller geliefert werden, als der Kunde es erwartet. Die Logistik ist dann in der Lage, Teile nach Kundenwunsch in Art und Menge zu liefern. Während der Werker ein Teil montiert, kann das nächste Bauteil angeliefert werden. Als Beispiel kann man sich eine Kaffeebar vorstellen, die den Kaffee erst produziert, wenn der Kunde seine Bestellung aufgibt. Dabei ist der Gast bereit, auf die Lieferung der Ware zu warten.

Probleme treten dann auf, wenn es zu **Schwankungen** in den beiden Parametern Durchlaufzeit (DLZ) und Kundenwunschlieferzeit (KWLZ) kommt. Dies ist beispielsweise in folgenden Situationen der Fall:

- Die Durchlauf- oder Lieferzeiten verlängern sich. Dies passiert, wenn es z. B. zu Pannen in den Transportmitteln kommt oder eine Lieferung im Stau steht.
- Die Kundenwunschlieferzeit verkürzt sich. Dies kommt vor, wenn der Kunde von einem Produkt in derselben Zeiteinheit mehr benötigt oder eine schnellere Lieferung wünscht. Als Beispiel sei hier die Verkürzung von Vorgabezeiten bei steten Verbesserungsprozessen angeführt.

In beiden Fällen ist die Teileversorgung der Produktion nicht mehr gewährleistet. Abhilfe schaffen Puffer, die eine derartige Unsicherheit in den engen geplanten Grenzen ausgleichen und so Stillstände vermeiden.

Versorgung der Arbeitsplätze nach dem Zug- oder Druckprinzip

Die Materialflusslogistik besteht in der Bereitstellung des Materials im Rahmen des innerbetrieblichen Materialflusses und wird entweder bedarfs- oder verbrauchsgesteuert durchgeführt. Bei **verbrauchsgesteuertem Materialfluss** löst der Materialverbrauch neue Materialbereitstellungen aus. Diese Teileversorgung wird auch **Zug- oder Pull-Prinzip** genannt. Jede Kapazitätseinheit entnimmt die zur Herstellung ihres Produktspektrums benötigten Vorprodukte aus dem ihr vorgelagerten Puffer. Diese Entnahmen führen dann wiederum zu Produktionsaktivitäten der vorgelagerten Kapazitäten oder Materialflussabschnitte (Pawellek 2007).

Man unterscheidet dabei das Ein-Behälter-System und das Zwei-Behälter-System. Beim Ein-Behälter-System (auch Kanban-System genannt) ist jedem Behälter eine Materialkarte zugeordnet, die dem leeren Behälter entnommen wird und als Anforderungs- oder Bestellkarte dient. Beim Zwei-Behälter-System werden von jedem Material zwei Behälter an der Arbeitsstelle aufgestellt. Ist der eine Behälter leer, wird durch seinen Rücktransport mit der beiliegenden Materialkarte ein neuer Behälter der Verbrauchsstelle zugeführt (Martin 2000).

Bild 5.24 zeigt dies für die verbrauchsgesteuerte Teileversorgung der Produktion durch einen Zulieferer. Die Montage zieht aus dem Lager verbrauchsorientiert Teile. Das Lager selbst bezieht nach Unterschreiten einer Mindestmenge die Ware vom Lieferanten.

Für die bestandsarme Fertigung mit hoher Variantenvielfalt und kleinen Stückzahlen sind Zug- und Pull-Prinzipien vorzuziehen (Ihme 2006).

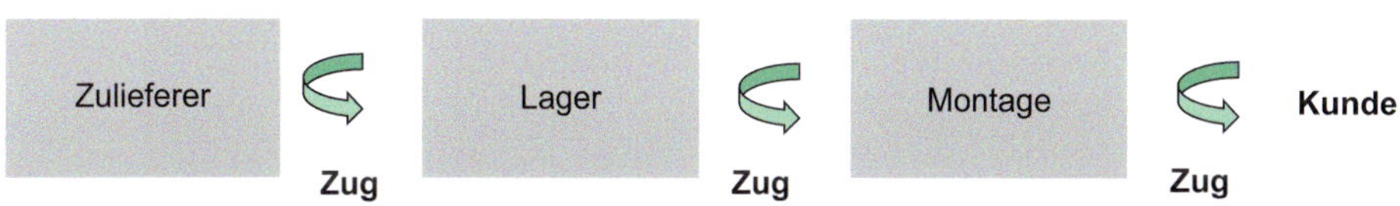

Bild 5.24 Zugprinzip

Die **kundenanonyme Produktion auf Lager** als zweite Möglichkeit der Materialflussorganisation arbeitet **bedarfsorientiert**. Sie ist darauf abgestellt, die Marktforderungen nach schneller Lieferfähigkeit von **Großserien oder Massen** zu befriedigen. Die Produktion ist vom Marktgeschehen durch ein Lager abgekoppelt. Das Material wird logistisch durch die Produktion gedrückt. Hat eine Funktion ihre Aufgabe erledigt, gibt sie ihre Objekte an die laut Ablaufplan nächste Kapazitätseinheit weiter. Auf diese Weise werden die Objekte von einer Fertigungs- bzw.

Hauptfunktion zur nächsten geschoben (Pawellek 2007). Man spricht deshalb auch vom **Druckprinzip bzw. Push Control** (Köther 2004).

Ein Druckprinzip in der Teileversorgung bedeutet, dass jede Abteilung ihre Aufgaben oder Produktionsschritte erledigt und die fertigen Teile der nächsthöheren Produktionsstufe zur Verfügung stellt. Der Zulieferer stellt dem Lager in Bild 5.25 die Ware nach einem festen Bestellsystem der Beschaffung in den Wareneingang. Das Lager wiederum liefert in einem vorgegebenen Lieferschema an die Montage.

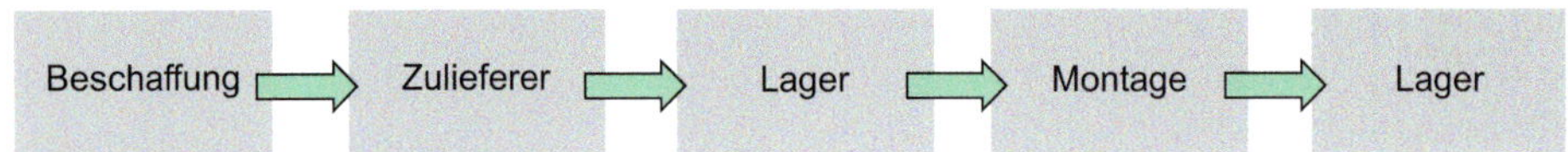

Bild 5.25 Druckprinzip

Materialfluss bei Kleinserien- oder Einzelfertigung

Bei Kleinserien- oder Einzelfertigung kommen prinzipiell zwei Teiletypen zum Einsatz:

- **Typ 1:** In der Einzelmontage oder bei der Produktion von Kleinserien werden im Vergleich der verschiedenen Aufträge Teile mit hoher Varianz und geringer Wiederholhäufigkeit benötigt. Diese Teile stellen den wertmäßigen Großteil der benötigten Ware dar.
- **Typ 2:** In wertmäßig geringerem Umfang benötigt die Montage in diesem Stückzahlbereich beispielsweise Schrauben, Verbindungs- und Sicherungselemente, Hilfs- und Schmierstoffe. Diese in größerer Stückzahl verbauten geringwertigen Bauteile werden in verschiedenen Aufträgen benötigt.

Der Materialfluss von Teilen des Typs 1 bei niedrigen Stückzahlen kann häufig in Form von kommissionierten Teilesätzen vollzogen werden. Bild 5.26 zeigt einen Teilewagen im Werkzeugmaschinenbau bei der Platzmontage. Die Versorgung geschieht verbrauchsorientiert nach dem Pull-Prinzip.

Die Teile in niedriger Varianz des Typs 2 werden in derartigen Systemen nicht kommissioniert. Diese Teile werden häufig in der Produktion sortenrein in Lagern bereitgestellt und in **verbrauchsorientierten Regelkreisen** in die Montage geholt.

Der Transport dieser Teilesätze sollte beispielweise mit Gabelstaplern oder von Hand vorgenommen werden. Diese bieten die höchste Flexibilität für immer wieder neue Aufgaben. Die spezifische Auslegung der Fördermittel hängt stark von Distanzen, Lieferzeiten und der Transportmasse ab. Es bieten sich manuelle, mechanisierte oder auch automatisierte Transporter an.

Bild 5.26 Teilewagen im Werkzeugmaschinenbau (© Maximilian Schmidt)

Materialfluss in der Großserien- oder Massenproduktion

Die ideale Massenproduktion und deren Strukturen wurde in den Montagehallen von Henry Ford in den 1930er-Jahren ins Leben gerufen. Diese Produktionsform lebt in den Hauptwerken von Detroit ohne Varianz bis heute fort. Der Materialfluss war schon damals durch folgende Merkmale charakterisiert:

- ein starres Transportsystem, das die Teile zu den Werkern bringt (Druckprinzip)
- eine Produktion ohne Lager
- 25 verschiedene Standardbehälter sowie minimaler Transport (Sekine 1995)

In der realen Großserien- und Massenproduktion können Bauteile mit Varianz zum Einsatz kommen. Diese werden in der Regel kommissioniert und verbrauchsorientiert zugeführt.

Die Standardteile werden direkt gekoppelt zugeführt oder mit geringem Puffer sortenrein nach dem Druckprinzip bereitgestellt. Letztere Maßnahme verlängert die Durchlauf- und Liegezeiten der Teile, erhöht aber die Verfügbarkeit der Arbeitsplätze durch die Entkopplung des Materialflusses.

Der Transport dieser Teile kann folgendermaßen realisiert werden (siehe Bild 5.27):

- direkt gekoppelte Standardteile mithilfe automatisierter Systeme wie Stetigförderern
- durch Puffer entkoppelte Standardteile mithilfe automatisierter oder mechanisierter Systeme und geringer manueller Interaktion

- kommissionierte Teilesätze mithilfe automatisierter Systeme wie fahrerlosen Transportsystemen (FTS)

Die spezifische Auslegung der Fördermittel hängt stark von Distanzen, Lieferzeiten und der Transportmasse ab. Es bieten sich neben Gabelstaplern auch automatisierte Transporter an.

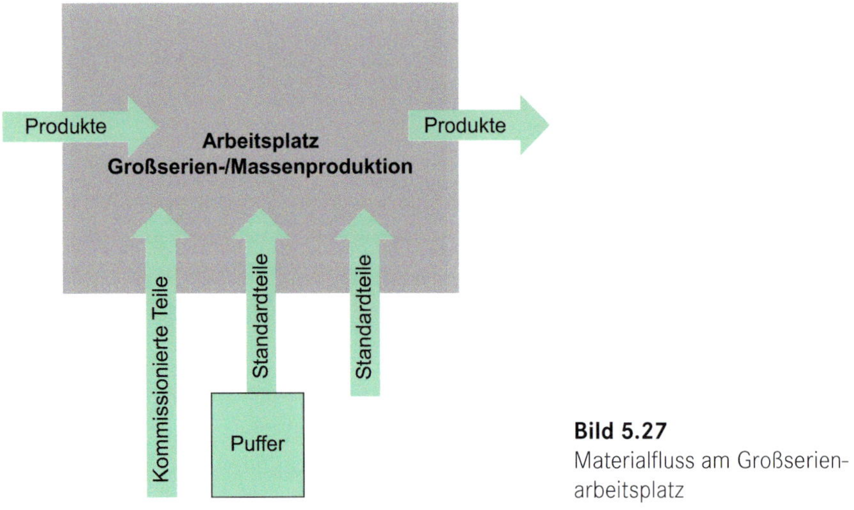

Bild 5.27 Materialfluss am Großserienarbeitsplatz

Literatur

Bibliografisches Institut GmbH: Bedeutung von „Struktur" laut Duden. 2021. *https://www.duden.de/rechtschreibung/Struktur*

Binner, H. F.: Handbuch der prozessorientierten Arbeitsorganisation. Methoden und Werkzeuge zur Umsetzung. Carl Hanser Verlag, München 2004

Dangelmaier, W.: Fertigungsplanung: Planung von Aufbau und Ablauf der Fertigung. Springer, Berlin/Heidelberg/New York 1999

Eberling, M./Hielscher, V./Hildebrandt, E./Jürgens, K.: Prekäre Balancen. Flexible Arbeitszeiten zwischen betrieblicher Regulierung und individuellen Ansprüchen. edition sigma, Düsseldorf 2004

Honermeier, E.: Die Ford Motor Company. Ihre Organisation und ihre Methoden. Paul List Verlag, Leipzig 1925

Ihme, J.: Logistik im Automobilbau. Logistikkomponenten und Logistiksysteme im Fahrzeugbau. Carl Hanser Verlag, München 2006

Koether, R.: Taschenbuch der Logistik. Leipzig: Carl Hanser Verlag, München 2003

Lotter, B./Schilling, W.: Manuelle Montage. VDI Verlag GmbH, Düsseldorf 1994

Martin, H.: Transport- und Lagerlogistik. Planung, Aufbau und Steuerung von Transport- und Lagersystemen. 3. Auflage. Vieweg & Sohn, Wiesbaden 2000

MTM ASSOCIATION e. V.: Basic MTM, MTM 1 und AUS. Lehrgangsunterlagen. Hamburg 2019

MTM ASSOCIATION e. V.: Standard-Methodenbeschreibung PROKON. 2021. *https://mtm.org/fileadmin/mtm_upload/Research/Buecher_Methodensammlung_Beispiel.pdf* (zuletzt aktualisiert am 28.04.2021)

Pawellek, G.: Produktionslogistik. Planung – Steuerung – Controlling. Carl Hanser Verlag, München 2007

REFA Bundesverband e. V.: Arbeitsgestaltung in der Produktion. Methodenlehre der Betriebsorganisation. Carl Hanser Verlag, München 1991

REFA Bundesverband e. V.: REFA Methodenlehre des Arbeitsstudiums. Teil 2: Datenermittlung. 7. Auflage. Carl Hanser Verlag, München 1992

REFA AG/REFA-Institut e. V.: REFA Kompakt-Grundausbildung 4.0. Das Basis-Know-how in Industrial Engineering. 1. Auflage. 2020 (198257/1)

Schomburg, E.: Entwicklung eines betriebstypologischen Instrumentariums zur systematischen Ermittlung von Anforderungen an EDV-gestützte Produktionsplanungs- und Steuerungssysteme im Maschinenbau. Dissertation. RWTH Aachen 1980

Schulte, C.: Logistik. Wege zur Optimierung der Supply Chain. 5. Auflage. Franz Vahlen GmbH, München 2009

Sekine, K.: Produzieren ohne Verschwendung. Der japanische Weg zur schlanken Produktion. Herausgegeben von Jürgen Diegruber und Burkhard Meister. Verlag Moderne Industrie, Landsberg 1995

VDI Nachrichten: Arbeitszeit. In: VDI Nachrichten, 01. 04. 2016, S. 1

Warneke, H.-J.: Der Produktionsbetrieb. Springer, Berlin/Heidelberg/New York 1993

6 Gute, wertprozessoptimierte Montagearbeitsplätze

■ 6.1 Definition und Zielsetzung

Um zu verstehen, was mit einem „guten“ Arbeitsplatz gemeint ist, soll der Begriff zuerst definiert werden. Unter einem Arbeitsplatz versteht man die erforderlichen Einrichtungen und Mittel, mit denen eine als austauschbar gedachte Person die ihr zugeordneten betrieblichen Aufgaben erfüllen kann (Wirtschaftslexikon24.com 2021). Der Begriff Arbeitsplatz in der Arbeitsorganisation bezeichnet die kleinste organisatorische Einheit, der eine oder mehrere Teilaufgaben mit Kompetenz und Verantwortung zugeordnet werden (REFA Bundesverband e. V. 2002).

Der Begriff „Arbeitsplatz“ umfasst damit definitionsgemäß

- eine Aufgabe, die zu erfüllen ist,
- Menschen, die diese Aufgabe erfüllen,
- Betriebsmittel und Einrichtungen, die dabei helfen, sowie
- die Verantwortung, wie eine Aufgabe ausgeführt wird.

In der Montage ist damit beispielsweise gemeint, dass ein Mensch mit einem Pinsel ein Osterei bemalt (Bild 2.6 bis Bild 2.8) oder dass ein Werker eine Fahrzeugtür zusammenbaut (Bild 5.26).

Das Prädikat „gut“ bewertet dabei zwei Aspekte:

- Wie „gut“ erfüllt der Mitarbeiter unter monetären Gesichtspunkten die Aufgabe?
- Wie „gut“ bzw. gering ist dabei die Belastung der Menschen?

Unter **monetären Gesichtspunkten** verfolgt die **Auslegung von Arbeitsplätzen** in der Produktion zwei Ziele:

- eine wertprozessoptimierte, hohe Produktivität beim Produktionsbeginn
- die Erhaltung der Produktivität bei schwankenden Anforderungen und Betriebsbedingungen, z. B. bei Einführung neuer Varianten eines Produkts, bei Änderungen an dessen Produktionsprozessen oder bei Leistungsschwankungen der Mitarbeiter

Zur Beurteilung der Zielerfüllung können sowohl monetär quantifizierbare als auch monetär schwer quantifizierbare Kriterien verwendet werden. Bild 6.1 zeigt Beispiele von Auslegungs- und Beurteilungskriterien für Montagesysteme im Automobilbau. Zahlenmäßig beleg- und überprüfbar sind die Leistung oder Kapazität eines Montagesystems, die erreichbare Montagezeit pro Fahrzeug, die Fehler- oder Ausfallrate in Prozent, der Anteil der Lohnkosten am Produkt und der Anteil der Kosten von Maschinen sowie Gebäuden.

Monetäre Beurteilungskriterien	**Einheit**
Kapazität eines Systems	min/Zeitraum
Realisierbare Montagezeit	min/Stück
Verfügbarkeit	%
Lohnkosten	€/Stück
Maschinenstundensatz (Investitionen am Anfang und über die Laufzeit des Projekts, Abschreibung, Flächenbedarf usw.)	€/Stück
Fläche	m²

Bild 6.1 Beispiele monetär quantifizierbarer Beurteilungskriterien (© Maximilian Schmidt 2010)

Um ein **wertprozessoptimiertes Produktionssystem** zu erhalten, sollten die Beurteilungskriterien bei der Planung folgende zwei messbare Kenngrößen beinhalten:

- Der Anteil der Wertprozesse an der Gesamtzykluszeit sollte im Montagesystem mehr als 50 % betragen.
- Der Anteil der geplanten Stillstandszeiten an der Belegungszeit der Anlage (Taktverlust) sollte unter 5 % liegen.

Um das Ziel der Produktionsdurchführung zu erreichen und die geplante Produktivität zu erhalten, ist beim Betrieb einer Produktionsanlage auf eine hohe Verfügbarkeit und Nutzungszeit einer Produktionsanlage zu achten. Ungeplante Störungen sind zu minimieren. Die Nutzungszeit einer Produktionsanlage sollte dabei möglichst groß sein.

Monetär schwer quantifizierbare Beurteilungskriterien von Montagearbeitsplätzen, wie beispielsweise die in Bild 6.2 genannte Ergonomie und Gruppenarbeit, dienen dazu, eine Entscheidung für oder wider eine Produktionsalternative zu unterstützen. Sie beschreiben dabei, wie wenig ein Arbeitsplatz den Menschen belastet. Bild 6.2 listet dies aus Sicht eines Automobilzulieferers auf.

Ergonomie	Anpassbarkeit an Körper- und Funktionsmaße Minimierung statischer Muskelkraft Vermeidung einseitiger Belastung keine Gefährdung
Gruppenarbeit	mögliche Höherqualifizierung individuelle Leistungsentfaltung Leistungsverbesserung in der Gruppe Motivation flexibler MA-Einsatz
Flexibilität	Produktflexibilität hohe Verfügbarkeit Kapazitätsflexibilität Montagesicherheit

Bild 6.2 Schwer quantifizierbare Beurteilungskriterien eines Montagearbeitsplatzes (© Maximilian Schmidt 2010)

Ich möchte alle Arbeitsplaner darin bestärken, neben den rein wirtschaftlichen monetären Zielsetzungen auch den Menschen im System in den Fokus zu nehmen. Man sollte nicht nur Arbeitsaufgaben planen, die ein Produkt in seinem Wert steigern und dabei die Kosten kleinhalten, sondern auch die Mitarbeiter am Arbeitsplatz bewusst „gut" integrieren. Bild 6.3 fasst die drei Ziele der Montageplanung zusammen.

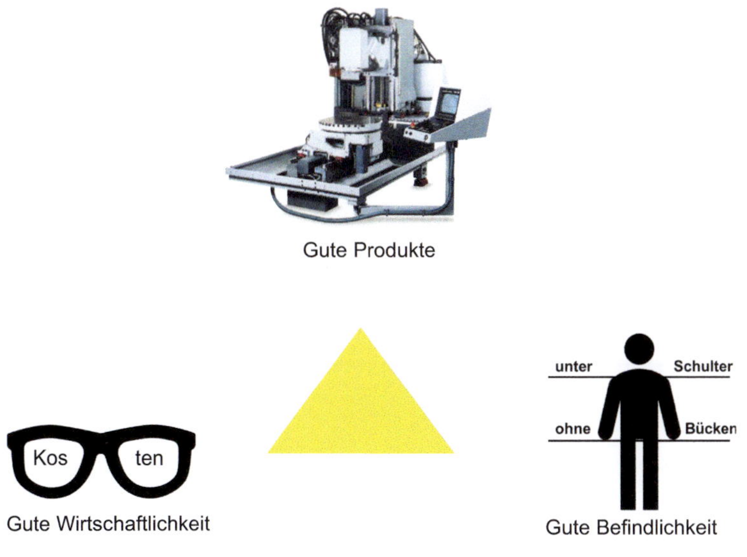

Bild 6.3 Ziele bei der Planung eines Arbeitsplatzes (Bild: © DMG Mori AG)

Arbeit sollte so gestaltet werden, dass ein Optimum aus hoher Wirtschaftlichkeit und Wertschöpfung im System, qualitativ hochwertigen Produkten sowie menschengerechter Arbeit erreicht wird.

6.2 Gute Arbeitsplätze aus Sicht der Wertprozesse

Um einen guten Arbeitsplatz aus Sicht der Wertprozesse zu erreichen, sollte das System einen Anteil an Fügeprozessen an der Gesamtzeit aufweisen, der über 50 % liegt. Bild 6.4 zeigt einen Maßnahmenkatalog zum Planen und Betreiben einer wirtschaftlich optimierten Produktionsanlage.

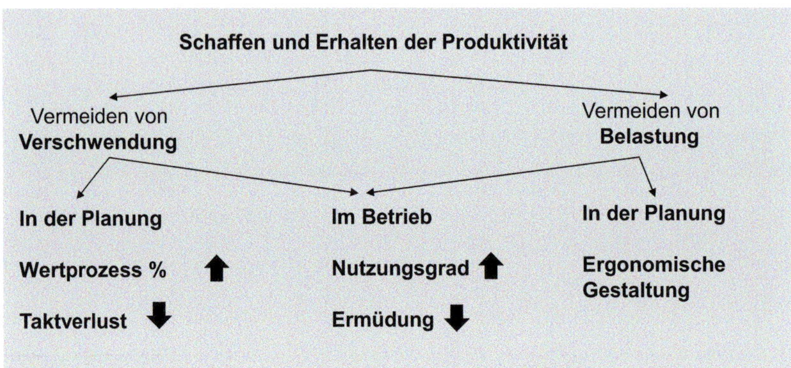

Bild 6.4 Schaffung und Erhaltung guter Arbeitsplätze aus Sicht der Wertprozesse

Das **Schaffen und Erhalten der Produktivität** in Arbeitsplätzen (Antis et al. 1969) kann nur in einem steten, alle Änderungen im Produkt berücksichtigenden Prozess vom Beginn der Produktion bis zu deren Einstellen geschehen.

Verschwendungen und Belastungen müssen schon in einer frühen Planungsphase vermieden werden. Sind sie in einem Produktionssystem schon von Beginn an vorhanden, wirken sie sich über die gesamte Betriebs- oder Laufzeit aus. Dies betrifft sowohl den Wertprozessanteil als auch die Wartezeiten und Taktverluste in einem verketteten System. Körperliche und seelische Belastungen sollten durch eine ergonomische Gestaltung der Montageanlage vermieden werden.

Wichtig ist, dass im **Betrieb des Produktionssystems** eine stete Kurskorrektur stattfindet und auf Basis der Vorgabezeiten und einer klaren Bewertung der Ergonomie immer wieder gemessen, korrigiert und optimiert wird. Der Nutzungsgrad der Anlage und die Ermüdung der Mitarbeiter durch Belastungen treten besonders dann in den Fokus der Produktionsdurchführung, wenn mit schwankenden Arbeitsinhalten und Produktänderungen gerechnet werden muss.

Die vorliegende Betrachtung ergänzt auslegungsrelevante Gesichtspunkte durch gezielte Arbeitsgestaltungsregeln.

Arbeits- und Wirkbereich

Der Arbeitsplatz ist der räumliche Bereich, in dem ein Arbeitssystem angeordnet ist. Der sogenannte Arbeitsbereich benötigt Fläche zur Aufstellung und Wartung der Betriebsmittel, zur Platzierung des Menschen, der Bereitstellung von Arbeitsgegenständen und der Ausstattung (REFA AG/REFA-Institut e. V. 2020).Vom Arbeitsbereich kann man zusätzlich den Wirkbereich differenzieren (siehe Bild 6.5). Der Wirkbereich bezieht sich auf den Raum- und Flächenbedarf des Menschen im Arbeitssystem bzw. am Arbeitsplatz. Er umfasst den gesamten räumlichen Aktionsbereich, den der Mensch zur Arbeitsausführung benötigt und den er für Körperhaltungen, Körper-, Fuß- und Armbewegungen, Sehaufgaben usw. nutzt (REFA Bundesverband e. V. 2021). Die Auslegung des Wirkbereichs hat auf die Leistung und das Befinden des Menschen einen entscheidenden Einfluss.

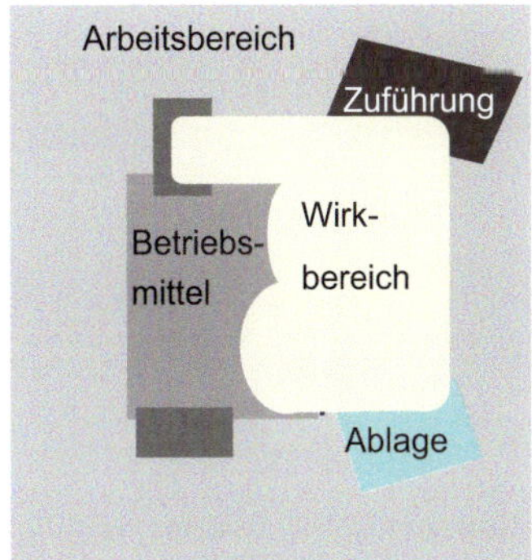

Bild 6.5
Arbeits- und Wirkbereich eines Montagearbeitsplatzes

Um die in Bild 6.5 gelb markierte Fläche wertschöpfungsoptimiert auszulegen, sind planungs- und auslegungsrelevante Verschwendung zu vermeiden. Bewegungen sind dabei der größte Verursacher von Zeiten in der Montage. Dabei ist zu beachten,

- wie lange eine Bewegung andauert und
- wie häufig eine Bewegung innerhalb der Montagezeit wiederholt wird.

Bei Bewegungen unterscheidet man zwischen dem Nahbereich unter 80 cm und einem Fernbereich über 80 cm. Im Nahbereich kann ein Mitarbeiter das Bauteil oder ein Werkzeug ohne Körperbewegung, allein durch Hinlangen mit der Hand, erreichen. Im Fernbereich über 80 cm ist zu dessen Aufnehmen eine Körperbewegung, wie beispielsweise ein Schritt oder das Beugen des Rumpfes, nötig.

Musterprozesse zur Beschreibung der Produktion

Die Tätigkeiten in der Produktion können zu einem Großteil durch sechs Musterprozesse abgebildet werden (siehe Bild 6.6). Dabei unterscheidet man wertschöpfende und nicht wertschöpfende - im Verlauf unterstützende - Prozesse (vgl. Bild 5.21). Diese Prozesse haben sowohl für die Montage als auch in der Herstellung von Teilen Gültigkeit.

Im Nahbereich unter 80 cm genügen diese Musterprozesse in den meisten Fällen zur Beschreibung der Produktion. Im Fernbereich über 80 cm kommen aufgrund der Physiologie des Menschen zusätzliche Geh-/Bück- oder Drehbewegungen des Körpers zum Einsatz.

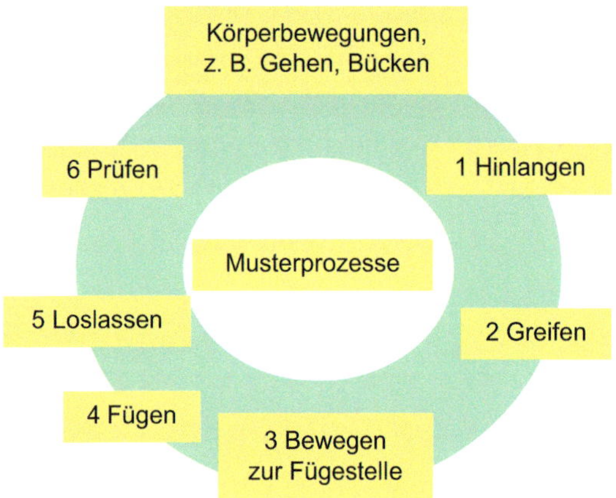

Bild 6.6 Musterprozesse im Fernbereich der Produktion

Bild 6.7 zeigt die Produktionsbereiche „Fertigung“ und „Montage“ im Vergleich: In Bild 6.7 links werden an einer Drehmaschine die Standardprozesse für das Einstecken von Werkzeugen und Rohlingen beschrieben. Ein Rohling wird manuell in das Dreibackenfutter einer Drehspindel gesteckt, dort losgelassen und eventuell auf exakte Positionierung geprüft (Zuführung A). Gleiches geschieht mit dem Werkzeug, das in die Spannvorrichtung der Drehmaschine bewegt wird (Zuführung B). In Bild 6.7 rechts zeigt sich, dass in der Montage, in Analogie zu Werkzeug und Rohling in der Fertigung, zwei Teile gehandhabt werden. Sie werden vom Menschen aufgenommen, gegriffen, zur Fügestelle gebracht und dort losgelassen. Außerdem wird der sichere Sitz geprüft.

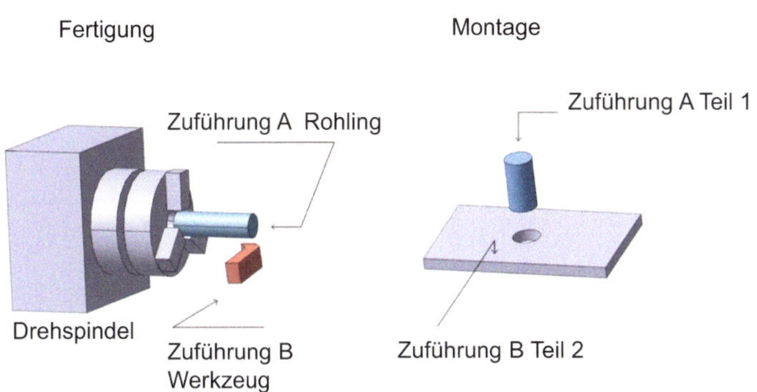

Bild 6.7 Analogie der unterstützenden Prozesse bei Fertigung und Montage

6.2.1 Optimierung im Fernbereich über 80 cm

Arbeitsplätze mit einem Tätigkeitsbereich, der sich in über 80 cm Entfernung vom Menschen befindet, erfordern neben Arm- und Handbewegungen auch Körperbewegungen, wie beispielweise Gehen, Rumpfbeugen, Knien und Bücken. Zur Optimierung der Wertprozesse werden sowohl die Transporte und Bewegungen zum und vom Arbeitsplatz als auch die Bewegungen im Wirkbereich betrachtet.

6.2.1.1 Transport und Bewegungen zum/vom Arbeitsplatz

Bild 5.27 zeigt den Materialfluss am Arbeitsplatz. Teile müssen zugeführt und leere Behälter aus dem Arbeitsbereich gebracht werden. Die hierzu notwendigen logistischen, bewegenden Prozesse stellen keine Wertprozesse dar.

Ein **Nutzen** bei diesen Prozessen kann nur dann entstehen, wenn das transportierende Betriebsmittel (Transportmittel) **beladen** ist. Messgröße ist z.B. die Auslastung eines Gabelstaplers. Hier wird das Verhältnis zwischen beladenen Transporten und Leerfahrten, Ladezeiten sowie anderen Betriebszuständen ohne Ware betrachtet.

Zielsetzung bei der Auslegung von Produktionssystemen ist es,

- den Anteil der beladenen Transporte so hoch wie möglich zu halten,
- Wartezeiten zu vermeiden und dabei
- die Kosten der Bewegungen zu minimieren.

Das Beispiel eines Lagersystems soll geeignete Planungsmaßnahmen verdeutlichen. Bild 6.8 skizziert ein Regalsystem mit einem Regalbediengerät. Ein Ladungsspiel umfasst die Aufnahme einer Palette am Lagereingang (LE), die Bewegungen **(1)** und **(2)** zum Regalfach und das Einlagern. Danach fährt das Regalbediengerät leer zum LE zurück. Die prozentuale Beladung des Regalbediengeräts liegt bei ca. 50 %.

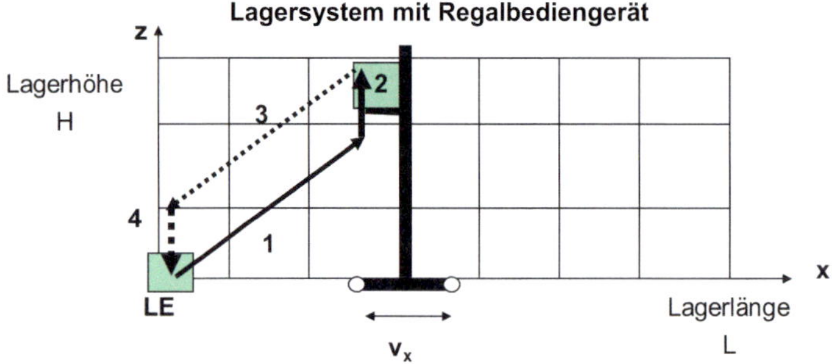

Bild 6.8 Einfachspiel in einem Lagersystem

In Bild 6.9 ist der Transport optimiert geplant. Das Regalbediengerät lagert mit einer Doppelspielstrategie in der Bewegung **(1)** und **(2)** eine Palette in das Regalfach ein, fährt leer **(3)** zur nächsten Regalposition, entnimmt dort eine Palette und bewegt sich beladen zum Warenausgang **(4)**/**(5)**. Die geschätzte Auslastung beläuft sind auf ca. 80 %. Der Nutzen dieser Maßnahme liegt in der um 60 % höheren Handhabungsleistung des Lagersystems. Die Ware ist schneller verfügbar.

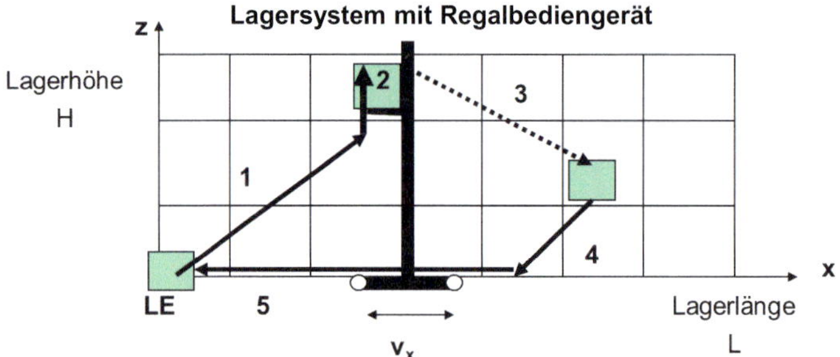

Bild 6.9 Doppelspielstrategie bei der Bewegung in einem Lagersystem

Die Zeiten und Kosten von Transport und Bewegungen lassen sich durch

- Verkürzung der Entfernungen,
- Vereinfachung der Bewegung (gerade oder auf Kreisbahn statt gekrümmt oder mit Körperdrehung/Bücken, stetig statt unterbrochen oder veränderlich, zwischen bekannten Punkten, waagrecht statt geneigt oder senkrecht) sowie
- Senkung der Transportfrequenz

minimieren.

6.2.1.2 Arbeitsplatzbereich mit Entfernungen über 80 cm

Der Wirkbereich eines Arbeitsplatzes im Fernbereich übersteigt die Reichweite von Hand und Arm. Aus diesem Grund müssen Körper-, Bein- und Fußbewegungen des MTM-1-Verfahrens zur Analyse und Optimierung dieser Arbeitsplätze hinzugezogen werden.

Rumpf-, Bein- und Fußbewegungen bilden die Hauptbewegungen des Körpers ohne eine Interaktion des Arms und der Hand ab. Bild 6.10 ordnet jedem Prozess eine Zeiteinheit in TMU zu. So dauert das Setzen 34,7 TMU und der Antagonist Aufstehen 43,4 TMU. Unbehindertes Gehen wird mit 15 TMU schneller bewertet als behindertes Gehen.

Bewegungen im Fernbereich – Körper-, Bein- und Fußbewegungen (ausgewählte Beispiele)			
Symbol	**TMU**	**Bewegungslänge**	**Beschreibung**
FM FMP LM-	8,5 19,1 7,1 0,5	bis 10 cm bis 10 cm bis 15 cm jeder weitere cm	Fußbewegung Fußbewegung mit starkem Druck Beinbewegung
SS-C1 SS-C2	17,0 0,2 34,1 0,2	bis 30 cm jeder weitere cm bis 60 cm jeder weitere cm	Seitenschritt, seitl. Verschiebung der Körperachse Fall 1: Der Schritt ist beendet, wenn das bewegte Bein wieder auf dem Boden steht. Fall 2: Das nachgezogene Bein muss den Boden wieder berühren, bevor die folgende Bewegung ausgeführt werden kann.
TBC-1 TBC-2	18,6 37,2		Körperdrehung nach links oder rechts 45° bis 90° Fall 1: Die Drehung ist beendet, wenn das bewegte Bein wieder auf dem Boden steht. Fall 2: Das nachgezogene Bein muss den Boden wieder berühren, bevor die folgende Bewegung ausgeführt werden kann.
W-P W-PO W-PL	15,0 17,0 17,0	pro Schritt pro Schritt pro Schritt	Gehen unbehindert Gehen behindert Gehen mit Last

Bild 6.10 Zusatzbewegungen im Fernbereich (in Anlehnung an Antis et al. 1969)

Im Rahmen dieser Arbeitsplatzgestaltung soll der Fokus auf drei in der Produktion häufig vorkommenden Prozessen liegen:

- Drehen des Körpers bis 90° (MTM-Code TBC1,2)
- Bücken/Aufrichten (MTM-Code B, S, KOK, AB, AS, AKOK)
- Gehen (MTM-Code W-P, W-PO, W-PL)

Im Verlauf werden Beispiele für die Optimierung der drei Prozesse angeboten.

Gestaltung des Arbeitsplatzes durch das Reduzieren von Drehen

Drehen des Körpers kann im Arbeitsplatzbereich über 80 cm durch eine Veränderung des Layouts vermieden werden. Eine Seitdrehung um 90° statt einer Bewegung von 180° reduziert die Bewegungszeit um 66 %. Die nötige Veränderung des Layouts muss dabei durch die Einsparung finanziert werden.

Die Umgestaltung in Bild 6.11 spart in 8 Stunden Handhabungstätigkeit insgesamt 316 Minuten pro Tag ein. Das erlaubt bei einem Stundensatz von 50 € und 240 jährlichen Arbeitstagen bei einem Return on Investment (ROI) von einem Jahr eine mögliche Investition von rund 63 000 €.

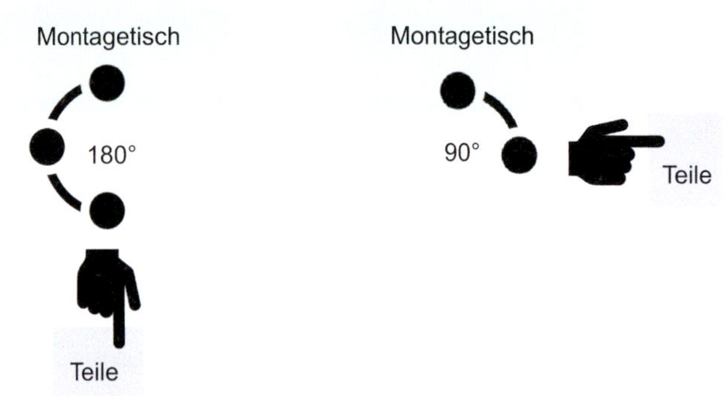

Bild 6.11 Optimiertes Drehen: 18,6 statt 55,8 TMU

Gestaltung des Arbeitsplatzes durch das Reduzieren von Bücken

Bücken kann man bei der Planung durch Vorrichtungen vermeiden. In Bild 6.12 links müssen die Mitarbeiter aus den unteren Ebenen einer Bereitstellungseinrichtung eine Baugruppe entnehmen. Die in Bild 6.12 rechts dargestellte Hubhilfe einer Großküche bietet ein Bauteil, in diesem Fall ein Tablett, immer in der oberen Position an. Die Mitarbeiter müssen sich nicht mehr bücken.

Analysierte Situation

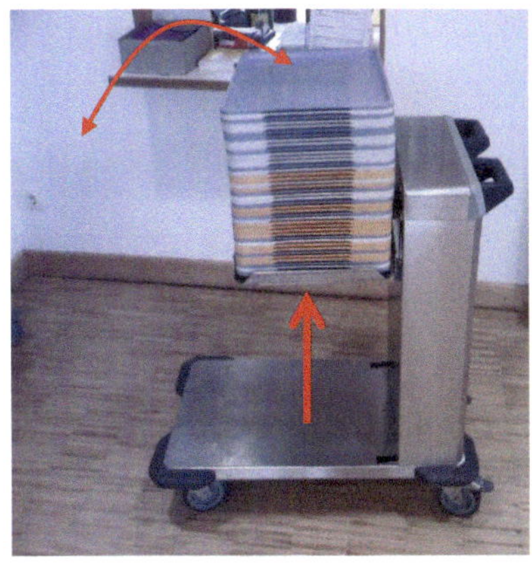

Optimierungsvorschlag

Bild 6.12 Vorrichtung zur Reduzierung des Bückens (© Maximilian Schmidt 2010)

Bild 6.13 zeigt einen Arbeitsplatz aus der elektromechanischen Industrie. Die Mitarbeiter müssen aus allen Positionen eines Magazins Baugruppen entnehmen. Dazu müssen sie sich beugen, bücken, die Baugruppe herausziehen und sich aufrichten. Im Optimierungsvorschlag wird die Baugruppe immer an der oberen Position angeboten, indem die Vorrichtung bei Entnahme durch das reduzierte Gewicht die Position korrigiert.

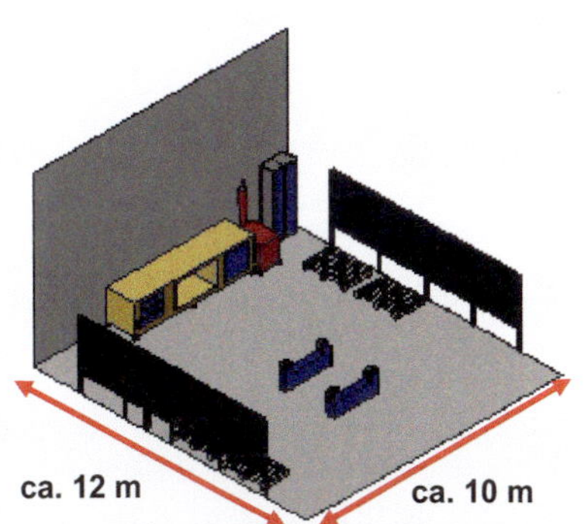

Bild 6.13
Schweißzelle im Ist-Zustand
(© Maximilian Schmidt)

Gestaltung des Arbeitsplatzes durch das Reduzieren von Gehen (stationäres Objekt)

Eine der wirksamsten Verbesserungen der Produktionszeiten liegt in der Reduzierung von Gehbewegungen. Dies sei an einem Beispiel verdeutlicht. Bei der Überarbeitung der Schweißanlage eines Bauteils ergibt sich folgende Situation:

- Der in Bild 6.13 dargestellte Arbeitsplatz ist für das Werkstück mit 12 × 10 m überdimensioniert. Es sind zu lange Wege zurückzulegen.

- Der freie Platz ist zusätzlich durch gelagerte Teile blockiert. Überflüssige Schränke belegen Raum.
- Das Werkzeug ist auf einer Werkbank an der Hallenrückwand gelagert.
- Beim Messen und Teileholen muss sich der Mitarbeiter bücken. Die Teile sind auf Paletten am Boden bereitgestellt.

Um eine Einschätzung des Potenzials an Verschwendung im Arbeitsplatz vornehmen zu können, wird eine Zeitaufnahme der Schweißtätigkeiten am Bauteil „Drehboden" durchgeführt. Dabei wird die Analysemethode MTM-UAS eingesetzt.

Hierzu wird in einem ersten Schritt ein Analyselayout des untersuchten Arbeitsplatzes erstellt. Bild 6.14 skizziert den Arbeitsplatz und weist Entfernungsklassen 2,4,8 (m) für die nötigen Gehbewegungen aus.

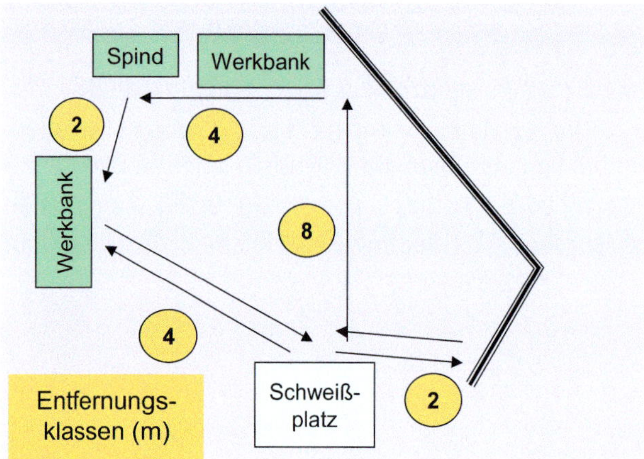

Bild 6.14 Schweißplatz im Analyselayout mit Entfernungsklassen

Danach werden die Schweißvorgänge zeitlich bewertet. Aus dieser Analyse kann das Einsparungspotenzial in der untersuchten Schweißzelle ermittelt werden. In einem nächsten Schritt werden die Gehbewegungen aus den Schweißprozessen herausgefiltert („Gehen Ist" in Bild 6.15). Der Anteil der Gehbewegungen an der Gesamtzeit beträgt rund 26%. Der Ansatz einer Optimierung sieht vor, die Gehdistanz zwischen dem Schweißobjekt „Drehboden" und dem Werker bzw. den Werkzeugen und Vorrichtungen auf 1 m zu beschränken („Gehen Soll" in Bild 6.15).

Die Minimierung der Entfernungen zwischen der Schweißstelle und den peripheren Geräten durch Positionierung aller Arbeitsmittel und Werkstücke im Bereich von 1 m ergibt eine mögliche Einsparung von rund 19% der Gesamtmontagezeit.

Scharnierbodenfertigung		MTM-UAS-Analyse			
Schritt	**TMU**	**Sek.**	**Gehen Ist**	**Gehen Soll**	**Einsparung**
Messen	955	34,38	0	0	0
Anreißen	965	34,74	300	100	200
Teil 1 ansetzen, richten	2245	80,82	550	125	425
Teil 1 messen, punkten	820	29,52	200	50	150
Teil 2 ansetzen, richten	530	19,08	250	75	175
Teil 2 messen, punkten	1325	47,7	300	100	200
Messen	160	5,76	50	25	25
Ausschweißen	1180	42,48	500	150	350
Summe	8180	294,48	2150	625	1525
					19 %

Bild 6.15 Einsparungspotenzial durch reduziertes Gehen

Am neu gestalteten Arbeitsplatz in Bild 6.16 sind fahrbare Werkbänke, Schweißanlagen und Materialgestelle eingesetzt, die je nach Einsatzfall nahe am Schweißplatz positioniert werden können. Der Werker selbst ist so in der Lage, die Produktivität der Montagezelle einzustellen.

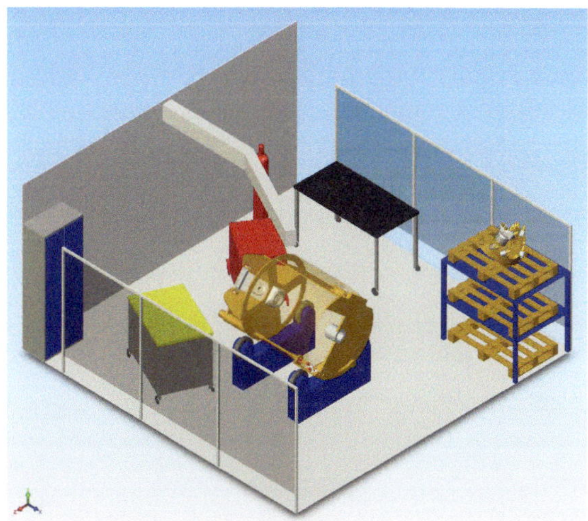

Bild 6.16 Optimierte Schweißzelle (© Maximilian Schmidt)

Die Kosten für den Umbau einer Schweißzelle belaufen sich auf 2020 €. Nimmt man eine 19%ige Einsparung der Montagezeit in einer Schweißzelle an, ergibt das bei einer Produktionszeit von 450 min/Schicht (= 85,5 min/Schicht, zweischichtig gerechnet) eine Einsparung von täglich 171 Minuten. Bei einem internen Verrechnungssatz von 50 €/Std. beläuft sich die tägliche Kostensenkung auf 142 €, und eine Rückzahlung des eingesetzten Kapitals ist in 14 Tagen erreicht.

Gestaltung des Arbeitsplatzes durch das Reduzieren von Gehen (bewegtes Objekt)

Die bisher gezeigten Lösungen für wertschöpfungsoptimierte Arbeitsplätze gelten für Montagesituationen, in denen bei der Montage ein ruhendes Montageobjekt vorliegt. Der Betriebspunkt ist in diesen Fällen klar definiert. Die Bewegungen sind leicht auf diesen Betriebspunkt abzustimmen.

Die besondere Problematik eines bewegten Montageobjekts kommt im Automobilbau beim Lackieren und in der Endmontage (siehe Bild 6.17) zum Tragen. Das Fahrzeug bewegt sich permanent. Die Geschwindigkeit des Bandes ist durch den Montagetakt festgelegt. Das zu verbauende Material und die dabei notwendigen Werkzeuge befinden sich hingegen stationär auf Werkbänken und in Transporthilfsmitteln in der Peripherie.

Bild 6.17 Endmontage im Automobilbau (© Maximilian Schmidt 1998)

Bild 6.18 zeigt das prinzipielle Layout eines Montagebandes im Automobilbau. Das Montageband ist grün skizziert. Der schwarze Pfeil kennzeichnet die Bewegung der damit bewegten Fahrzeuge. Die Teile 1 bis 6 befinden sich stationär in Gitterboxen auf dem Hallenboden und sind ca. 3 m vom Verbauort am Fahrzeug entfernt.

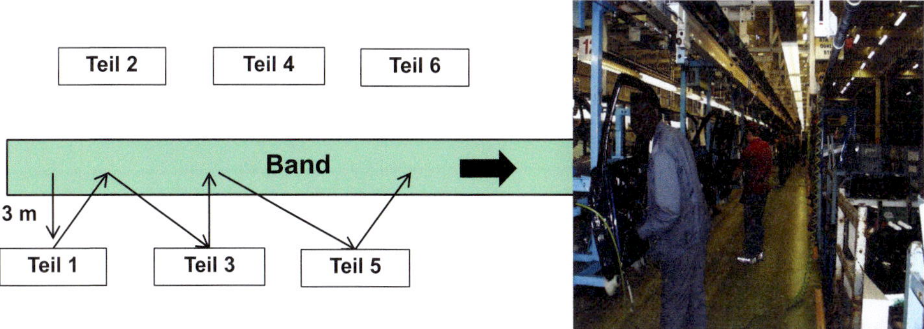

Bild 6.18 Layout eines Montagebandabschnitts (© Maximilian Schmidt)

Die bei der Planung zu lösenden Aufgaben betreffen

- die Bereitstellung von Material und Werkzeug im Fernbereich sowie
- die Montage der Bauteile im Nahbereich (direkt am Fahrzeug).

In Bild 6.19 und Bild 6.20 sind Hilfsfragen formuliert, die dem Planer helfen sollen, die Planungsaufgabe zu lösen. Lösungsansätze für beide Bereiche sind in Bild 6.21 dargestellt.

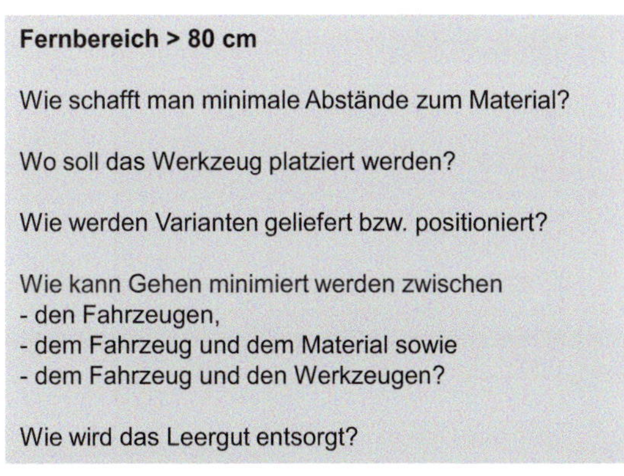
Fernbereich > 80 cm

Wie schafft man minimale Abstände zum Material?

Wo soll das Werkzeug platziert werden?

Wie werden Varianten geliefert bzw. positioniert?

Wie kann Gehen minimiert werden zwischen
- den Fahrzeugen,
- dem Fahrzeug und dem Material sowie
- dem Fahrzeug und den Werkzeugen?

Wie wird das Leergut entsorgt?

Bild 6.19 Hilfsfragen im Fernbereich bei bewegten Montageobjekten

Nahbereich < 80 cm

Wie kann man Bücken reduzieren?

Wie kann Überkopfmontage verhindert werden?

Wie kann die Montagehöhe am Fahrzeug an unterschiedliche Körpergrößen angepasst werden?

Wie kann der Zugang zum Fahrzeug erleichtert werden, wenn im Inneren montiert werden muss?

Bild 6.20 Hilfsfragen im Nahbereich bei bewegten Montageobjekten

Bild 6.21 Lösungsansätze für bewegte Objekte, Material/Werkzeuge (© Maximilian Schmidt 1999 - 2000)

Organisatorisch sollte man dabei Folgendes beachten:

- Der Mitarbeiter sollte möglichst alle Werkzeuge und Materialien im ersten „Anlauf" zum Fahrzeug mitbringen. Dies wird z. B. bei der Kabelbaummontage im Fahrzeug realisiert. Der Wertschöpfungsanteil ist hier mehr als doppelt so hoch.
- Das ständig verbaute Material sollte nah am Band liegen (realisiert mit Durchlaufregalen) und sich in ergonomischer Griffhöhe befinden.
- Leergut muss mit minimalem Platzaufwand ergonomisch aus der Montagezone entfernt werden.
- Werkzeuge sollten in definierter Lage positioniert werden. Die Energieversorgung darf den Werker nicht behindern oder ihn zum Gehen zwingen (siehe Luftleitungen in Bild 6.18).
- Werkzeuge sollten nah angeboten werden.
- Teile, die nur farbliche Variationen (Farbvarianten) aufweisen, beeinflussen die Montagezeit nicht durch schwankende Montageinhalte.

- Hat man Platz in der Montagezelle, können alle Teile in optimierter Lage angeboten werden.
- Bei Platzproblemen weichen Variantenteile in die zweite Reihe oder werden in Behälter vorkommissioniert (Carset/Doorset). Das Fahrzeug oder das Montageband kann als Materialtransporter benutzt werden.
- Große Teile sollten produktionssynchron (just in time) geliefert werden.
- Variantenteile sollten produktionssynchron (just in sequence) angeboten werden.
- Schüttgut sollte leicht zu greifen sein und in ergonomischer Höhe (auch bei der Montage) angeboten werden.
- Überkopfarbeiten sind zu vermeiden.

Grundsätzliche Überlegungen zu Werkzeugen und Vorrichtungen

Grundsätzlich gilt im Nah- und Fernbereich für die Anordnung von Werkzeugen und Vorrichtungen:

- Häufig verwendete Werkzeuge, wie z. B. Schrauber, sind in Positioniervorrichtungen eindeutig orientiert anzubieten. Keinesfalls sollten sie, wie Bild 6.22 zeigt, lose auf Werkbänken liegen.
- Selten gebrauchte Werkzeuge für Varianten sollten in klar definierten losen Positionen leicht zugänglich sein (eventuell mit farblicher Kennzeichnung).

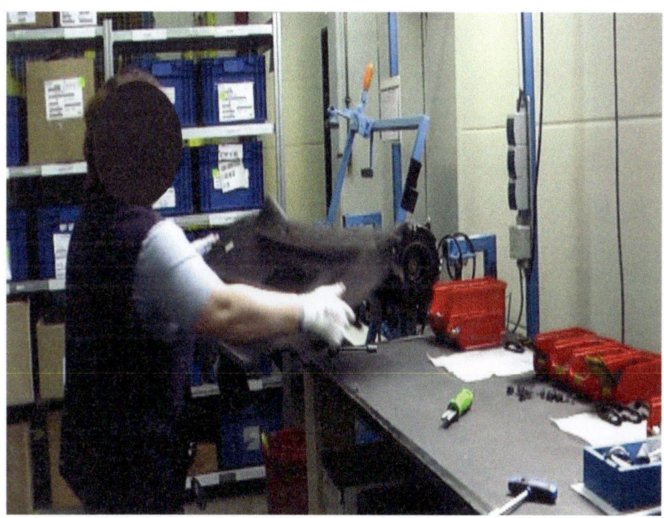

Bild 6.22 Werkzeuge ohne Positionierung (© Maximilian Schmidt 2004)

Vorrichtungen (Fern- und Nahbereich) sollten nach den folgenden Regeln gestaltet werden (siehe Bild 6.23):

- Die Vorrichtungen zur Montage sind zentral im Sichtbereich +/-20 mm lateral und 10 - 30 mm longitudinal von der Körpermitte entfernt unterzubringen.
- Alle Vorrichtungen sind mit 30°-Einführschrägen auszulegen, die ein minimales Spiel zwischen der Vorrichtung und dem einzufügenden Bauteil von insgesamt 12 mm oder eine Toleranz von +/-6 mm aufweisen.

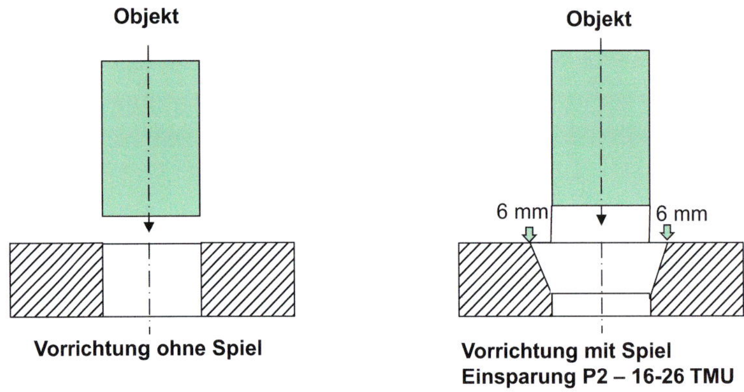

Bild 6.23 Nutzen von Einführschrägen in Vorrichtungen

6.2.2 Optimierung im Nahbereich unter 80 cm

6.2.2.1 Messung der Entfernung im Fern- und Nahbereich

Im **Fernbereich** arbeiten die Werker mit einer Kombination aus Körperbewegungen und Aktionen des Arm- und Handapparats. Dabei werden die Zeiten dieser Bewegungen im System vorbestimmter Zeiten von MTM-1 durch folgende Parameter beeinflusst:

- Kontrollaufwand
- Kraftanstrengung
- Bewegungslänge oder zu überbrückende Distanz

Beim Gehen beispielweise berücksichtigt MTM-1 drei Einflussgrößen: die Anzahl der Schritte, die Bodenbeschaffenheit und die Gewichtsbelastung. Die tatsächliche Zeit des Gehens über eine bestimmte Entfernung ist abhängig von der Zeit für den einzelnen Schritt und dessen Länge. Die Zeitdauer pro Schritt wird in erster Linie durch die Beschaffenheit des Bodens bestimmt. Die Schrittlänge wird durch die vom Arbeiter getragene Last bestimmt (Antis et al. 1969).

Die Vorgabezeiten mit MTM-1 wird ermittelt, indem man die Zahl der Schritte aus der gemessenen Entfernung und der gewichtsabhängigen Schrittlänge errechnet. Danach ordnet man den Fall des Gehens zu, beispielsweise behindertes Gehen, und kann die Zeit pro Schritt aus der MTM-Karte ablesen. Die Behinderung des Gehens bezieht sich auf die Beschaffenheit des Bodens. Behindertes Gehen kommt bei beengten Arbeitsplätzen vor. Ebenfalls wird ein Gehen auf Sand oder Eisenbahnschwellen, das Schieben eines Handhubwagens oder dergleichen als behindertes Gehen gewertet (Antis et al. 1969). Zum Abschluss wird der Zeitwert der MTM-Karte mit der Zahl der Schritte multipliziert (siehe Bild 6.24).

$$\text{Anzahl der Schritte} = \frac{\text{Entfernung (m)}}{\text{Schrittlänge (m)}}$$

$$\text{Zeit (TMU)} = \text{Anzahl der Schritte} \times \text{W-P/PO/PL}$$

Gewicht (kp)	Schrittlänge [m]
x ≤ 2,5	0,85
2,5 < x ≤ 15	0,75
15 < x	0,60

Symbol	TMU	Fall
W-P	15,0	Gehen unbehindert
W-PO	17,0	Gehen behindert
W-PL	17,0	Gehen mit Last

Bild 6.24 Zeitermittlung des Gehens mit MTM-1 (in Anlehnung an Antis et al. 1969)

Im Fernbereich wird die Entfernung häufig durch lineare Vermessung eines Layouts oder durch Abschreiten eines Arbeitsplatzes gemessen. Hierbei überwiegen sehr oft die Entfernungs- und Zeitanteile der Körperbewegungen, vor allem des Gehens. Der Planer geht bei einer linearen Messung der zurückgelegten Distanz oft einen Fehler zuungunsten einer korrekten Vorgabezeit ein: Er misst in der Regel zu kurz. Um diesen Fehler bei Anwendung von MTM-1 zu vermeiden, sollte bei häufigem Wiederholen der Bewegung eine Kontrollmessung der Vorgabezeit mit einer REFA-Zeitaufnahme durchgeführt werden.

Im **Nahbereich** werden zur Zeitermittlung zu fast 90 % Arm- und Handbewegungen berücksichtigt. Den Rest stellen in der Regel Prozesszeiten. Die exakte Ermittlung von Bewegungslängen spielt im Nahbereich, insbesondere bei kurzzyklischen, häufig wiederholten Vorgängen eine besondere Rolle.

Die Bewegungslänge ist die Variable, die den größten Einfluss auf die Ausführungszeit hat. Die Bewegungslänge wird gewöhnlich durch Messen des Weges bestimmt, den die Hand bei der Ausführung einer Hinlangbewegung zurücklegt. Es ist dabei zu beachten, dass der direkte (lineare) Weg von der Ausgangsstellung zur Endstellung der Hand nicht der Länge der Hinlangbewegung entspricht. Die meisten Hinlangbewegungen werden auf diese Weise gemessen. Unter gewissen Umständen muss jedoch die Messtechnik für das Hinlangen abgeändert werden (Antis et al. 1969).

Dies soll an einem Beispiel verdeutlicht werden. Im Nahbereich wird ein Handhabungsprozess durch das Überbrücken einer Distanz mit einer reinen Arm- bzw. Handbewegung durchgeführt. Nach MTM-Vorgabe beziehen sich Distanzen auf den real zurückgelegten Weg der Hand. Zur Berechnung der Vorgabezeit muss dieser herangezogen werden. Die lineare Messung von Abständen, beispielsweise mit einem Bandmaß, genügen dieser Vorgabe nicht. Ein praktisches Hilfsmittel zur Messung dieser Bahn zeigt Bild 6.25. Die Nachbildung des Weges mit einem Meterstab lässt eine grobe Annäherung an die reale Bewegungskurve zu. Der Unterschied zur linearen, gelben Messung wird deutlich: Linear liegt die Distanz bei 60 cm. Die Kurve des Meterstabes liegt bei 80 cm. Greifbewegungen im einfachsten und komplexen Fall ergeben bei linearer Messung eine um 20 – 30 % zu kurze Vorgabezeit.

Messung	MTM-1-Code einfach	TMU	MTM-1-Code komplex	TMU
linear (60 cm)	R 60 A	14,7	R60C	19
Meterstab (80 cm)	R 80 A	18,2	R80C	27,7

Bild 6.25 Messung der Distanz im Nahbereich

Eine möglichst reale Messung der Distanzen ist deshalb anzustreben. Hierbei kann folgende Faustregel verwendet werden: Je häufiger eine Bewegung durchgeführt wird, desto exakter sollte man die Bewegungslänge messen.

6.2.2.2 Gestaltungsregeln für Arbeitsplätze im Nahbereich

Bei einer Montage im Nahbereich bis einschließlich 80 cm bewegt der Mitarbeiter seine Hand zu dem zu fügenden Teil, erfasst es, bringt es zur Fügestelle, verbindet das Bauteil und lässt es anschließend wieder los.

Für den Gestalter von Montagearbeitsplätzen, wie dem in Bild 6.26 dargestellten, ist es wichtig zu entscheiden,

- in welchem Abstand die Teile **(1)** und die Werkzeuge von der Fügestelle **(2)** bzw. dem ausführenden Menschen **(3)** platziert sind,
- welchen Ordnungsgrad die Bauteile und Werkzeuge besitzen (geordnet in Magazinen, teilgeordnet oder ungeordnet als Schüttgut) und
- wo die Montagevorrichtung **(2)** positioniert ist.

Der Grund ist eine Verknüpfung des Abstands zum Menschen und des Ordnungsgrads bei der zeitlichen Bewertung der Montageprozesse. Die von der Hand der Werker zurückzulegende Distanz zum Bauteil bzw. Werkzeug, die zurückgelegte Distanz von der Aufnahmestelle zum Fügeobjekt und die Art der Andienung beeinflussen die Bewegung des Hinlangens wie auch das Greifen zeitlich und kostenmäßig.

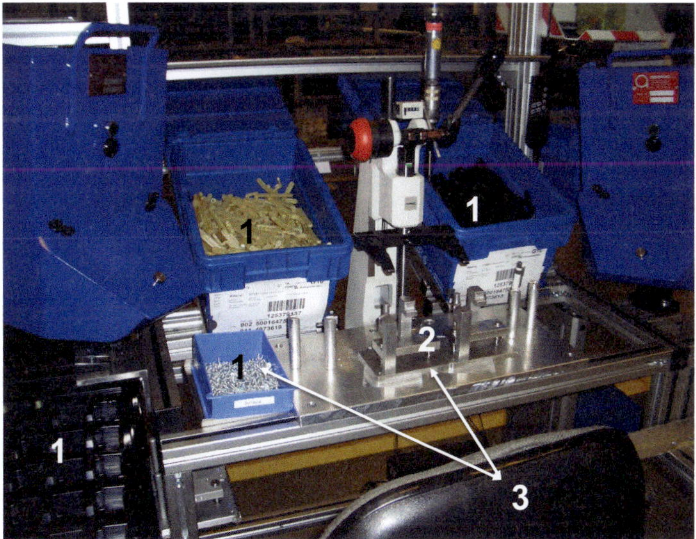

Bild 6.26 Manueller Arbeitsplatz mit Teilebereitstellung und Montagevorrichtung (© Maximilian Schmidt)

Bild 6.27 zeigt den Einfluss der Distanz und des Ordnungsgrads der Bauteile auf die Vorgabezeit (in TMU) für den Prozess „Hinlangen“ (MTM-1-Codierung R). Die Bezeichnung RA bedeutet hierbei, dass Bauteile oder Werkzeuge geordnet an einem genau bezeichneten Ort angeboten werden. Die MTM-Bezeichnung RC trifft für Schüttgut oder lose liegendes, vermischtes Werkzeug zu. In Bild 6.26 sind beispielsweise alle Teile ungeordnet in blauen Behältern gelagert. Bild 6.27 zeigt, dass die **Bewegung des Hinlangens** abhängig von der Greifdistanz bei ungeordneten Teilen (RC) steiler verläuft als bei geordneten Produkten (RA).

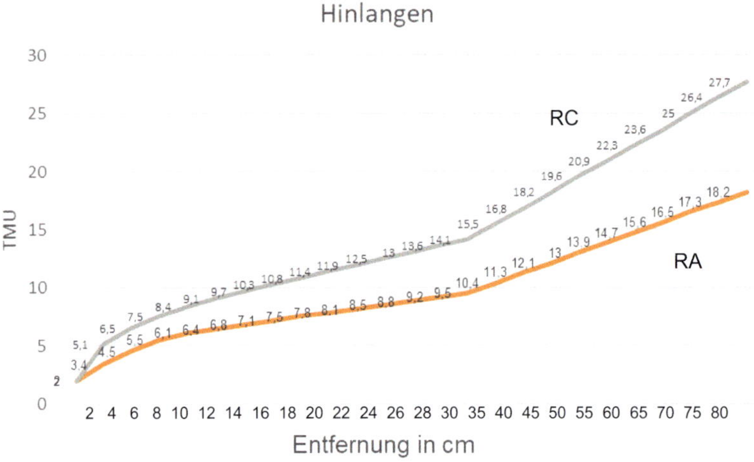

Bild 6.27 Einfluss von Ordnungsgrad und Distanz auf die Zeit des Hinlangens (© Maximilian Schmidt)

Zum Erfassen eines Teils oder eines Werkzeugs bei der Montage ist nicht nur ein Hinlang-, sondern auch ein Greifprozess erforderlich. Erweitert man die Betrachtung um den Prozess des Teileerfassens, kommt zum Prozess Reach oder Hinlangen noch das Greifen (Grasp – G) hinzu. Grasp unterscheidet die Komplexität des Greifvorgangs durch eine Differenzierung nach Teilegröße und Ordnungsgrad. Kleine Teile, die vermischt oder räumlich behindert liegen, stellen den zeitaufwendigsten Greiffall G4C dar, während einzeln positionierte Produkte mit G1A den einfachsten Prozess klassifizieren.

Addiert man den Greifprozess (Grasp – G) und die unterschiedlichen Hinlangprozesse, zeigt sich der in Bild 6.28 aufgeführte Zusammenhang. Der Best Case RA und G1A bezieht sich auf geordnete Bauteile, die allein liegen und vereinzelt sowie leicht zu greifen sind. Der Worst Case RC und G4C bezieht sich auf Schüttgut mit kleinen, vermischten Teilen.

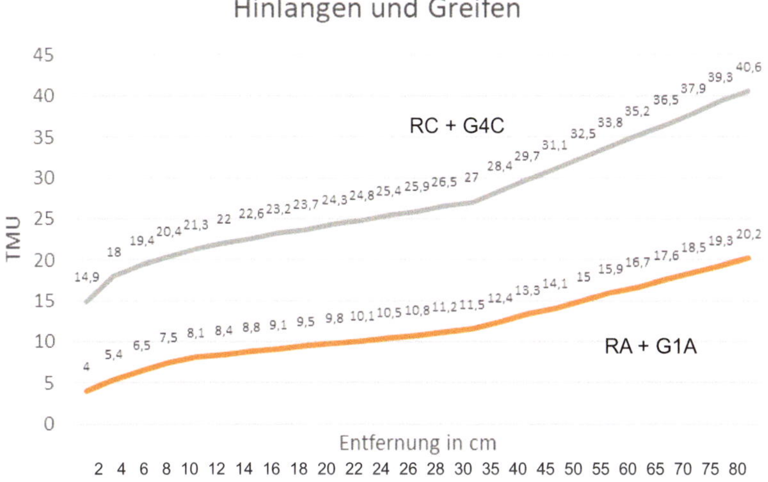

Bild 6.28 Zeitliche Bewertung von Hinlangen und Greifen (© Maximilian Schmidt)

Bild 6.29 verdeutlicht den Nutzen einer geordneten Teileandienung und die Verbesserung, die eintritt, wenn die Bauteile durch Ordnungseinrichtungen, wie z. B. Vibrationswendelförderer, sortiert werden. Derartige Geräte stellen in Prozess A zunächst eine Ordnung der Bauteile her, wobei der zunächst komplexe Hinlangprozess RC auf die einfache Bewegung RA und der Greifprozess von G4C auf G1A reduziert wird. Danach wird in Prozess B die Greifdistanz gesenkt. Die Vorgabezeit reduziert sich dabei von über 40 TMU auf ca. 8 TMU.

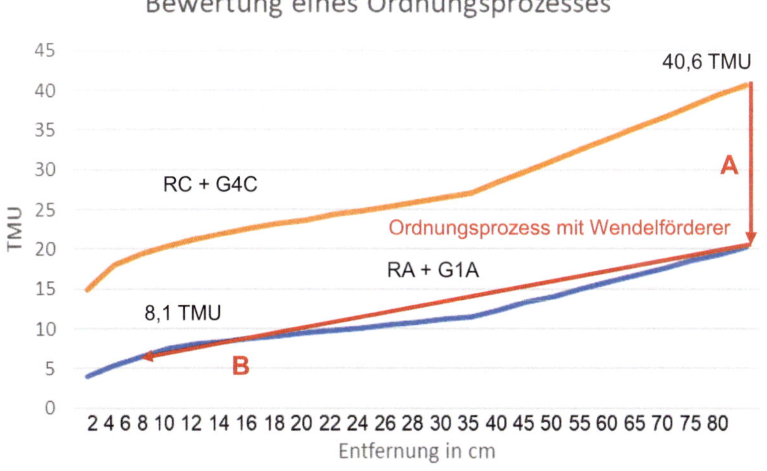

Bild 6.29 Ordnungsprozess mit Fördergeräten (© Maximilian Schmidt)

Bewertet man diese Einsparung monetär, so sind folgende Parameter zu berücksichtigen (vgl. Abschnitt 3.6):

- die Taktzeit des Montageabschnitts tz
- die tägliche Arbeitszeit Az
- die tägliche Wiederholung der Montage S (1,2,3-Schichtbetrieb)
- die jährlichen Arbeitstage At (Feiertagsregelungen in Deutschland unterschiedlich)
- der Stundensatz St der Werker

Daraus lässt sich nach der Formel in Bild 6.30 die Einsparung durch das Ordnen von Schüttgut berechnen.

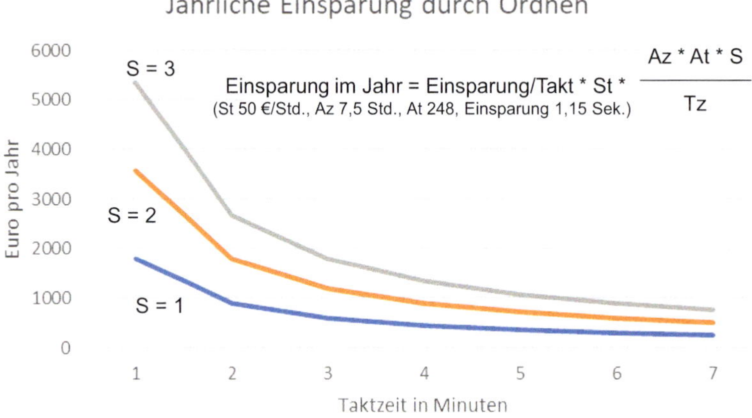

Bild 6.30 Einsparung durch Ordnen von Schüttgut im Bereich von 80 cm (© Maximilian Schmidt)

In Bild 6.30 sind für eine Greifdistanz von 80 cm drei Kurven der Einsparung über die Taktzeit aufgeführt. Die zeitliche Einsparung durch Ordnen beträgt pro Montagefall 1,15 Sekunden. Dabei bezeichnet S = 3 einen dreischichtigen Montagebetrieb und S = 1 die Arbeit in 7,5 Stunden oder einer Schicht.

In Bild 6.30 ergibt sich beispielsweise ein Kostenvorteil von rund 5400 € bei einer Taktzeit von 60 Sekunden, einem Stundensatz von 50 € und einem Dreischichtbetrieb in Deutschland. Die daraus abzuleitende Verbesserungsinvestition könnte bei einer Amortisationszeit von einem Jahr bei dem gleichen Betrag liegen (vgl. Abschnitt 3.6).

Aus dieser Einsparung kann der Planer nach den Überlegungen von Abschnitt 3.6 eine Verbesserungsinvestition, beispielweise für einen Vibrationswendelförderer, ermitteln, der die Einsparung möglich machen wird. Im Beispiel von Bild 6.30 mit einer maximalen Einsparung von 5400 € wären dies bei einem Amortisationszeitraum von einem Jahr und einer Realisierungschance von 100 % eine Summe von 5400 €.

Gestaltungsregeln für Arbeitsplätze im Nahbereich

Die folgenden Regeln zur Gestaltung von Arbeitsplätzen im Nahbereich sind zu beachten:

Regel 1	Ungeordnete, kleine Teile (Schüttgut) sollten bei Einbau in jedes Produkt in der Nähe der Fügestelle bei einer Distanz < 20 cm angeboten werden.
Regel 2	Geordnete und vereinzelte Teile und Werkzeuge können in Außenpositionen bei einer Distanz 40 < x < 80 cm platziert werden.
Regel 3	Der Zeitgewinn durch Ordnen ist bei allen Teilen zu prüfen (Zeitgewinn × Verbauhäufigkeit × Stundensatz ist gegen die Kosten von Ordnungseinrichtungen zu rechnen).
Regel 4	Variantenteile und Teile, die nicht in alle Produkte verbaut werden, können bei Platzmangel in den Außenbereich verlegt werden.
Regel 5	Sollte der Arbeitsraum nicht reichen, muss eine Umfüllung der umgeordneten Bauteile in Schachtzuführungen geprüft werden (siehe Bild 6.31). Alternativ kann eine dynamische Teilebereitstellung (siehe Bild 6.32) eingesetzt werden.

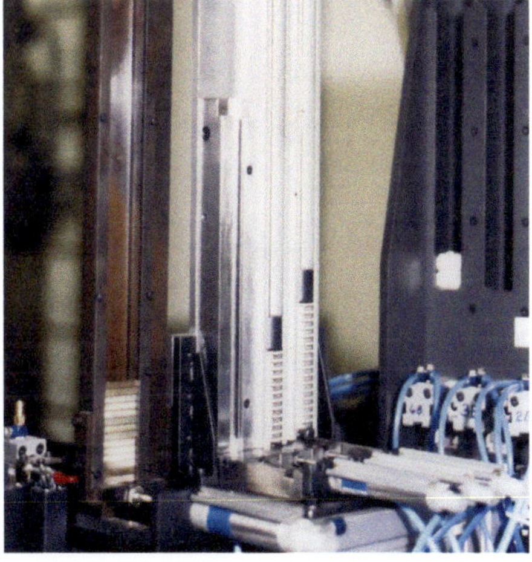

Bild 6.31
Einsatz von Schachtmagazinen (Quelle: Schmidt 1992)

Bei einer dynamischen Teilebereitstellung ist der Arbeitsplatz nach dem Prinzip Ware zu Mensch gestaltet. Dabei werden die Bauteile von einem Transportgerät von der Lagerstelle zur Handhabung gebracht. Die Bewegung wird auf diese Weise verkürzt.

Bild 6.32 verdeutlicht dies am Beispiel eines dynamischen Werkzeuglagers. Als Transportmittel ist hier ein Paternoster eingesetzt. Die Werkzeuge werden auf den bewegten Fachböden des Fördersystems in die Greifposition des Mitarbeiters gebracht.

Bild 6.32 Paternoster zur Teileandienung: Vertical Carousel Module (© Kardex Germany GmbH)

Eine weitere Lösung zeigt Bild 6.33 mit dem Konzept eines Drehtellers. Je nach Montagesituation wird in dieser Anordnung zuerst die Vorderseite zur Teilebereitstellung benutzt. Nach Ende der ersten Montagefolge wird der Drehteller von den Werkern geschwenkt und so eine optimale Montagesituation erzeugt.

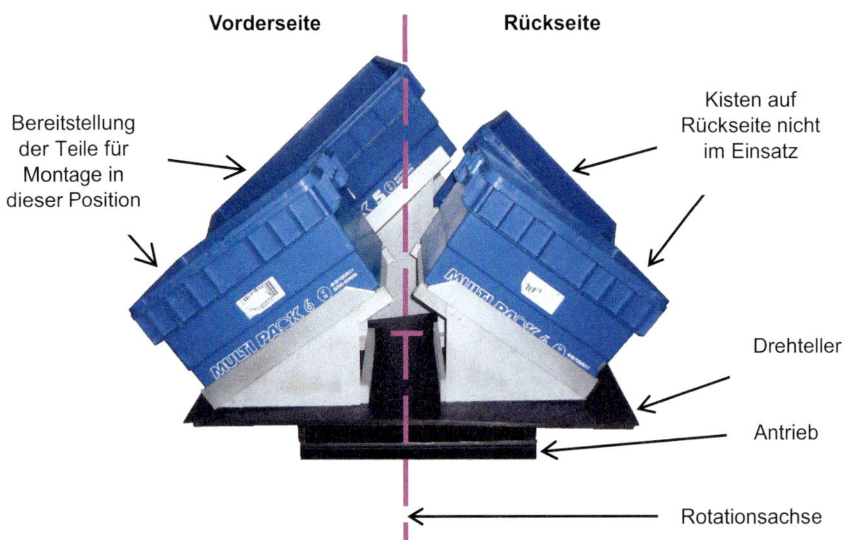

Bild 6.33 Drehtellerprinzip

6.3 Gute Arbeitsplätze aus Sicht der Mitarbeiterbefindlichkeit

Arbeit sollte so gestaltet werden, dass ein Optimum aus hoher Wertschöpfung im System, qualitativ hochwertigen Produkten und menschengerechter Arbeit erreicht wird. Menschengerechte Arbeitsplatzgestaltung bedeutet, dass die auszuführende Arbeit so ausgelegt ist, dass sie dem Leistungsvermögen des Mitarbeiters entspricht. Die Arbeitsbedingungen werden so gestaltet, dass sie die Ausführung unterstützen, für den Menschen nicht gefährlich, sondern angenehm sind, und im Wirkbereich günstig angeordnet sowie leicht erreichbar sind. Kräfte werden kleingehalten- Bewegungen können ohne Zwangshaltung ausgeführt werden, wobei die Arbeitsplatzgeometrie den Körpermaßen angepasst ist (REFA AG/REFA-Institut e. V. 2019).

Einfach ausgedrückt kann man die menschengerechte Gestaltung von Arbeitsplätzen mit folgender Aufforderung formulieren: Machen Sie es dem Menschen so leicht und einfach wie möglich, seine Arbeit zu verrichten.

Arbeit verursacht bei ihrer Verrichtung unterschiedliche Belastungen. Die **Hauptbelastung** entsteht durch die **Art der statischen Haltung der betroffenen Körperregionen** (Rücken, Schulter/Oberarm, Knie/Bein) in Verbindung mit der Dauer der einzelnen, nicht unterbrochenen Haltungen ohne Ausgleichsbewegung. Hinzu kommen die Gesamtdauer der Tätigkeit sowie ungünstige Ausführungsbedingungen. Dazu gehören beispielsweise ein beengter Bewegungsraum und die mangelnde Möglichkeit, sich mit den Händen abzustützen, aber auch eine eingeschränkte Standsicherheit oder Nässe, Kälte und Zugluft.

Die durch Körperzwangshaltung verursachte Beanspruchung ist komplex und betrifft sowohl die Muskeln, Sehnen, Knochen und Gelenke als auch die Schleimbeutel, die peripheren Nerven und die Blutgefäße. Aufgrund der abgrenzbaren Wirkungen auf bestimmte Körperregionen lassen sich **drei Arten von statischen Haltungsbelastungen** definieren: Arbeiten in Rumpfbeugehaltung, Arbeiten mit den Händen über Schulterniveau oder Überkopfarbeiten und Arbeiten im Knien oder Hocken (Bundesanstalt für Arbeitsschutz und Arbeitsmedizin 2021).

Die Arbeit in der Montage wird im Wirkbereich eines Arbeitsplatzes ausgeführt (siehe Bild 6.5). Um es den Menschen möglichst leicht zu machen, ist bei der menschengerechten Gestaltung sowohl die **Fläche** zu beachten, die der Werker zur Ausführung seiner Aufgabe braucht, als auch die **Arbeitshöhe**, in der Arbeit verrichtet werden soll.

6.3.1 Optimierung der Arbeitshöhe

Die „Arbeitshöhe“ eines Menschen lässt sich ohne technische Hilfsmittel oder Steighilfen so beschreiben: Die menschlich mögliche Arbeitshöhe im Wirkbereich betrifft einen Bereich zwischen dem Niveau des Hallenbodens und der höchsten Greifweite der Hand über dem Kopf des Menschen. Bild 6.34 veranschaulicht sowohl die für den Menschen mögliche als auch die günstige Arbeitshöhe.

Für den Menschen am besten geeignet sind Arbeiten ohne Bücken und unterhalb des Niveaus der Schultern. Als Regel kann gelten: Arbeiten außerhalb des in Bild 6.34 grün dargestellten Bereichs sollten vermieden werden.

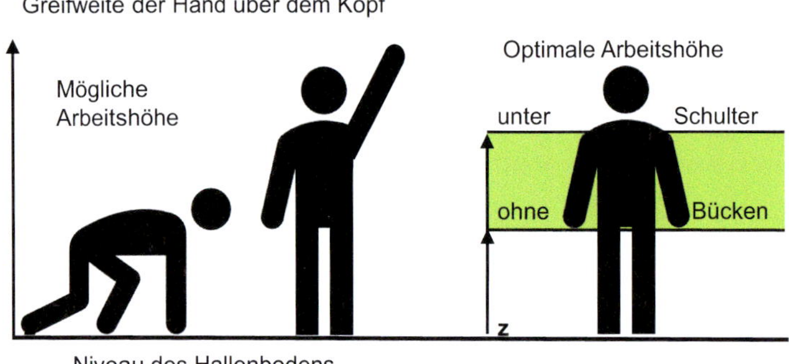

Bild 6.34 Mögliche und optimale Arbeitshöhe

Arbeiten mit Rumpfbeugung (Bücken) beinhalten Arbeiten mit vorgeneigtem und weit vorgebeugtem Oberkörper. Diese Haltungen können aufgrund ihrer längeren und ungenügend unterbrochenen Dauer zu einer starken statischen Überbeanspruchung der Haltungsmuskulatur des Rückens führen. Die Folgen können akute bzw. zeitweilige Gesundheitsbeeinträchtigungen und chronische Gesundheitsstörungen sein. Bei dauerhafter starker Rumpfbeugung können Beschwerden verursacht bzw. bei vorhandenen bandscheibenbedingten Erkrankungen der Lendenwirbelsäule verstärkt werden (Bundesanstalt für Arbeitsschutz und Arbeitsmedizin 2021).

Arbeiten mit den Händen über Schulterniveau und Überkopfarbeiten sind manuelle Arbeiten, die auf oder oberhalb der Schulterhöhe bzw. der Kopfhöhe ausgeführt werden. Sie können zu sehr hohen muskulären Beanspruchungen der Schulter-, Arm- sowie der oberen Rückenmuskulatur führen. Zusätzlich kommt es bei Arbeiten über Schulterniveau und verstärkt bei Überkopfarbeiten zur starken Anspannung der Nackenmuskulatur durch Rückwärtsneigung teils mit Verdrehung des Kopfes. Einschränkungen der Durchblutung der Arme durch verminderten hydrostatischen Druck in den Blutgefäßen vermindern die Kraftleistung der Arm-/ Handmuskulatur. Bei Arbeiten mit Händen über Schulterniveau oder Überkopfarbeiten sind deshalb auch geringe Kraftaufwendungen nur für wenige Minuten erträglich bzw. ausführbar (Bundesanstalt für Arbeitsschutz und Arbeitsmedizin 2021).

Wie bereits erwähnt, wird deshalb empfohlen, Montagen nur in dem in Bild 6.34 grün dargestellten Höhenbereich auszuführen. Da allerdings oftmals nicht alle Produktionsmittel in diesem Niveau unterzubringen sind, muss ein Kompromiss gefunden werden. Im grün dargestellten Bereich sollten folgende Tätigkeiten und Bauteile positioniert werden:

- Arbeits- und Montagevorrichtungen
- kleine, vermischt liegende Bauteile
- Werkzeuge, die häufig gebraucht werden
- Ablagepositionen oder Abwurf

Um den Arbeitsraum im Wirkbereich den unterschiedlichen Mitarbeitern anpassen zu können, sollten die Höhen verstellbar gestaltet sein, wie in Bild 6.35 dargestellt. Deutlich zu sehen ist auch die flexibel positionierbare Behälteranordnung auf Rollen. Sie kann bei Bedarf umgestellt und zur Montage durch Bremsen festgestellt werden. Der Tisch ist in seiner Höhe anpassbar. Knie- und Beinfreiheit kann variiert werden. Alle Teile, die nicht ständig in Gebrauch sind, lagern unter der Arbeitshöhe. Die Behälter weisen einen Neigungswinkel von ca. 30° auf und gestatten so leichteren Zugriff.

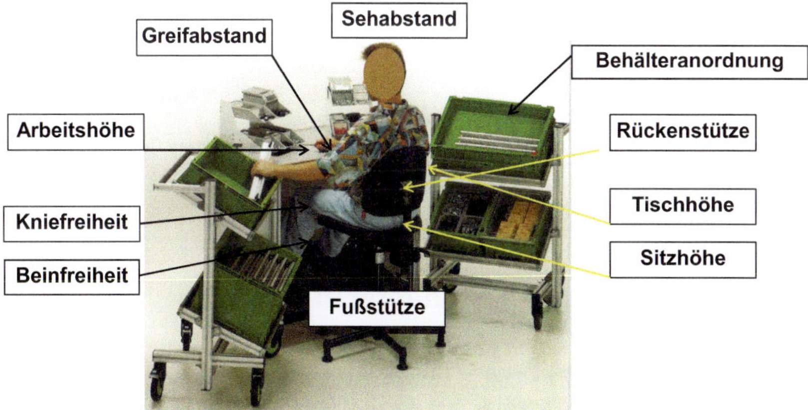

Bild 6.35 Arbeitsplatz mit verstellbarem Layout (Bild: © Bosch Rexroth AG)

6.3.2 Optimierung der Arbeitsfläche

Bild 6.36 beschreibt die optimierte Gestaltung der Fläche eines Arbeitsplatzes. Kernaufgaben bzw. Tätigkeiten mit den höchsten Anforderungen sind in der gelb markierten Beidhandzone anzuordnen, während einhändig ausführbare und durch geringe visuelle Anforderungen geprägte Aufgaben in der grünen Einhandzone positioniert werden. Die erweiterte Einhandzone ist selten genutzten Aktivitäten und Anforderungen vorbehalten, die nur in Ausnahmefällen benötigt werden (REFA AG/REFA-Institut e. V. 2020).

Konkret bedeutet das, dass Montagevorrichtungen in der gelb gekennzeichneten Beidhandzone mit der einfachsten Erreichbar- und Sichtbarkeit platziert werden sollten, da sie die größte Aufmerksamkeit erfordern. Kleine, vermischte Teile können in Zone 2 (grün) bereitgestellt werden.

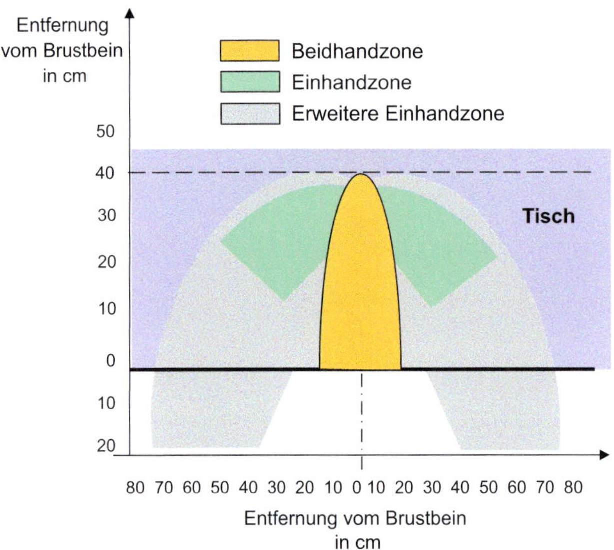

Bild 6.36 Layout einer Montagefläche (in Anlehnung an REFA AG/REFA-Institut e. V. 2020)

6.3.3 Überprüfung der menschengerechten Gestaltung

Um die menschengerechte Auslegung mit einfachen Mitteln zu überprüfen, genügt es bei der Beobachtung der Montagetätigkeit, folgende Fragen zu stellen:

- Muss der Mitarbeiter zur Montage Körperbewegungen, wie beispielweise Bücken, Beugen oder Knien, durchführen?

- Muss der Mitarbeiter zur Montage über die Schulter greifen oder sich auf die Zehenspitzen stellen?
- Sind statische Haltekräfte aufzuwenden?

Im Fernbereich > 80 cm sind Körperbewegungen zur Montage nötig. Die menschengerechte Gestaltung der Arbeitsplätze zielt hier auf die minimale Belastung der Werker durch Lasten, wie z. B. in folgenden Situationen:

- der Aufnahme und Positionierung schwerer Werkzeuge wie Schweißgeräten oder Schraubern
- der Montage und dem Transport von schweren Baugruppen oder dem fertigen Produkt
- dem Transport von Teilewagen oder Teileboxen bzw. Behältern und Gitterboxen

Hier kann ein Planungshilfsmittel zum Einsatz kommen, das die Belastung des Mitarbeiters für diese Fälle bewertet und Grenzwerte für die Belastung verwendet. Das vierseitige EAWS[1] (Ergonomic Assessment Work Sheet) ist seit 2009 bei Volkswagen als Konzernstandard zur Bewertung physischer Belastungen an Arbeitsplätzen verabschiedet.

Vorteil von EAWS gegenüber traditionellen Verfahren der Belastungsanalyse, z. B. den Leitmerkmalmethoden, ist die mehrere vorhandene Belastungsarten integrierende Analyse und Bewertung eines Arbeitsplatzes. Dabei werden Körperhaltung, Aktionskräfte und Lastenhandhabung sowie Belastungen aus Tätigkeiten mit hoher Wiederholhäufigkeit erfasst (Kuhlang 2015).

Zur Ermittlung der physischen Belastung benutzt das Verfahren Skalen und Grenzwerte unter Berücksichtigung folgender Einflussgrößen:

- Kraftangriffspunkt
- Kraftrichtung
- Häufigkeit
- Energieverbrauch

Die aus ihrem Zusammenwirken resultierende physische Gesamtbelastung wird in einer Punkt- bzw. Ampelbewertung dargestellt (siehe Bild 6.37; Kuhlang 2015).

[1] EAWS steht für Ergonomic Assessment Work Sheet. Über die Leitmerkmalmethode hinausgehend, umfasst es repetitive Belastungen der oberen Extremitäten. Die Anwendung kann sowohl mitarbeiterorientiert als auch arbeitsplatzbezogen erfolgen. Diese Methode vom Institut für Arbeitswissenschaft der TU Darmstadt (IAD) findet dank ihrer raschen Anwendbarkeit insbesondere in der Automobil- und Zulieferindustrie weite Verbreitung (Pruchniewski 2021).

EAWS	Punkte	Bewertung	Bedeutung
	0 bis 25	grün	geringes Risiko: guter Arbeitsplatz, keine Veränderung notwendig
	26 bis 50	gelb	mögliche Schädigung: Arbeitsplatz nicht empfohlen; Überarbeitung, wenn möglich
	> 50	rot	hohe Belastung: muss vermieden werden; Überarbeitung, um die Belastung zu senken

Bild 6.37 Bewertungsergebnis bei Einsatz des EAWS (in Anlehnung an Institut für Arbeitswissenschaft der TU Darmstadt/AMI)

Für die Montage im Nahbereich bietet das EAWS in Sektion 2 ein umfangreiches Instrumentarium zur Bewertung von Körperhaltungen am Arbeitsplatz an. In der dritten Sektion des Work Sheets werden die Belastungen durch die Handhabung von Waren bei Schieben und Ziehen, Heben, Halten und Tragen bewertet. Dies sind erfahrungsgemäß die größten Belastungen in der Montage und sollten bei einer Ergonomiebewertung vorrangig analysiert werden. Wird hier ein gelber oder roter Bereich erreicht, sollte die Optimierung an dieser Stelle ansetzen, bevor weitere Schritte unternommen werden.

Im Einzelnen bewertet der Planer dabei nach dem in Bild 6.38 dargestellten Schema für jeden einzelnen Handhabungsprozess in der Schicht die folgenden Faktoren:

- die Last, die auf die Werker einwirkt (Lastpunkte)
- die Richtung und das Moment der Krafteinwirkung auf den Körper durch Bewertung der Haltung (Haltungspunkte)
- besondere Bedingungen, die bei Schieben und Ziehen die Ausführung beeinflussen, wie z. B. Reibverhältnisse zwischen Boden und Rollen
- die Einwirkzeit und Häufigkeit der Belastung

Das in Bild 6.39 dargestellte Schema verdeutlicht die Berechnung der einzelnen Belastung. Summiert man nun alle einzelnen Belastungen, erhält man einen Punktwert, der Hinweise auf eine eventuell nötige Gestaltung des Arbeitsplatzes liefert.

Ermittlungsschema für Belastungen	**Handhaben von Waren (pro Schicht)** **Umsetzen (Heben, Senken), Tragen, Halten, Schieben und Ziehen**

1. Ermittlung der Lastpunkte (LP) für			Last in kg								
Umsetzen, Tragen und Halten		Mann	3	10	15	20	25	30	35	40	>40
		Frau	2	5	7	10	12	15	20	25	>25
LP			1	1,5	2	3	4	5,5	7	8,5	25
Schieben und Ziehen	Schubkarre, Seil, Balanzer	Mann	<50	75	100	150	200	250			
		Frau	<40	60	80	115	155	195			
	Rollwagen, Transportwagen Schubwagen	Mann	<50	75	100	150	250	350	550		
		Frau	<40	60	80	115	195	270	425		
	Karren, Hubwagen, Bockrollen	Mann	<50	75	150	250	350	500	600	800	1250
		Frau	<40	60	115	195	270	385	460	615	960
LP			0,5	1	1,5	2	3	4	5	6	8

2. Ermittlung de Haltungspunkte (HP) für die Körperhaltung und die Lage der Last			
Der Rumpf des Menschen ist aufrecht und nicht verdreht. Ware ist direkt am Körper	leichte Beugung/Drehung des Körpers Ware nah am Körper	Der Körper ist tief o. weit nach vorne gebeugt. leichte Körperbeugung und Verdrehung Ware weit weg vom Körper oder über Kopf	weite Vorwärtsbeugung und Verdrehung Ware weit weg vom Körper; fehlende Standstabilität; Knien oder Hocken
HP 1	2	4	8

3. Punkte für die Arbeitsbedingungen - nur bei Schieben und Ziehen						
	sehr geringer Rollwiderstand	Transportwagen auf sehr glattem Boden	rauer Boden, über kl. Spalten/Kanten	auf Metallblech in/aus einem Lkw	Transportwagen muss beim Losfahren angezogen werden; Boden stark beschädigt	sehr großer Rollwiderstand
PA	0	0-2	3	5	6	8

4. Häufigkeit der Lastbewegungen (HL) (n. pro Schicht), Haltezeit (in Minuten) oder Transportdistanz (Meter pro Schicht)										
Häufigkeit des Umsetzens/ Ziehen und Schieben	5	25	120	350	750	1000	1500	2000	2500	3000
Haltezeit in Minuten	2,3	10	37	90	180	>240				
Entfernung (Tragen, Ziehen und Schieben) in Metern	300	650	2500	6500	12000	16000				
HL	1	2	4	6	8	10	11	13	14	15

Bild 6.38 Belastungen in Anlehnung an EAWS, Sektion 3 (in Anlehnung an Institut für Arbeitswissenschaft der TU Darmstadt/AMI)

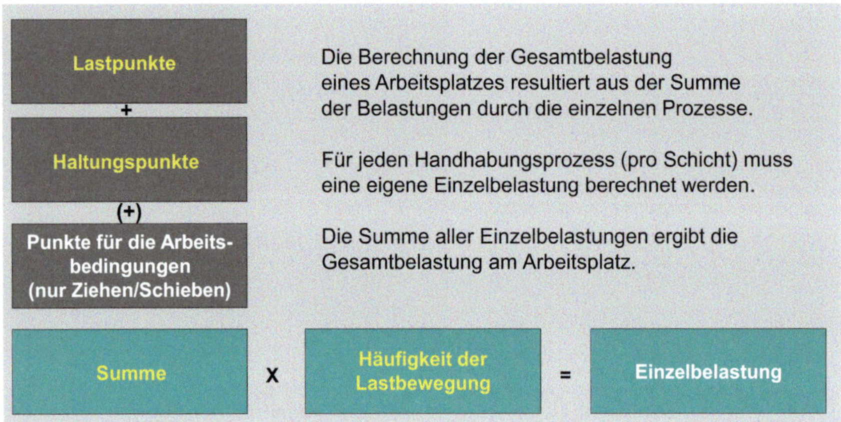

Bild 6.39 Rechenweg der Ergonomiebewertung mit EAWS (in Anlehnung an Institut für Arbeitswissenschaft der TU Darmstadt/AMI)

Fallbeispiel

Zum Rüsten einer Fertigungszelle müssen wechselnde Mitarbeiter zu Beginn der Schicht einmal zum 38 m entfernten Materialausgabelager gehen. Dort setzen sie 20 unterschiedliche Boxen mit einem durchschnittlichen Gewicht von je 30 kg von einem Regal, dessen Fachboden sich auf ca. 1700 mm Höhe befindet, auf einen Wagen mit Bockrollen (Gewicht 115 kg) um. Den vollen Wagen schieben sie zur Fertigungszelle zurück. Der Industriefußboden weist aufgrund hoher Beanspruchung Fugen auf. Bewerten Sie die Teileversorgung mit dem EAWS auf ergonomische Belastung.

Ergebnis: Die Angabe weist auf männliche und weibliche Mitarbeiter hin. Die Bewertung muss deshalb Frauen als Ansatz nehmen. Die Prozesse der Materialversorgung werden separat bewertet.

Prozess 1

Umsetzen der Boxen = (Gewicht + Haltung) · Zahl = (25 + 4) · 2 = 58 Punkte

Prozess 2

Schieben = (Gewicht + Haltung + Ausführung) · Zahl = (115 + 600) = 615
= (6 + 2 + 3) · 1 = 11 Punkte

Summe: 69 Punkte, d. h., der Arbeitsplatz sollte überarbeitet werden.

Literatur

Antis, W./Honeycutt, J. M./Koch, E. N.: Die MTM Grundbewegungen. H. B. Maynard & Co GmbH, Hamburg/Bremen 1969

Bundesanstalt für Arbeitsschutz und Arbeitsmedizin (BAuA): Körperzwangshaltung. 2021. *https://www.baua.de/DE/Themen/Arbeitsgestaltung-im-Betrieb/Physische-Belastung/Belastungsarten/Koerperzwangshaltung.html*

Institut für Arbeitswissenschaft der TU Darmstadt (IAD)/AMI: EAWS Form 1.3.3. Darmstadt

Kardex Germany GmbH: Vertical Carousel Module (VCM). *https://www.kardex.com/de/technologie/produktfamilien/vertical-carousel-module*

Kuhlang, P. (Hrsg.): Modellierung menschlicher Arbeit im Industrial Engineering. Grundlagen, Praxiserfahrungen und Perspektiven. Ergonomia GmbH, Stuttgart 2015

Pruchniewski, S.: EAWS – ein Bewertungsverfahren zur Arbeitsplatzergonomie/3 Das Tool EAWS. Haufe-Lexware GmbH & Co. KG 2021. *https://www.haufe.de/arbeitsschutz/arbeitsschutz-office-professional/eaws-ein-bewertungsverfahren-zur-arbeitsplatzergonomie-3-das-tool-eaws_idesk_PI13633_HI13023105.html*

REFA Bundesverband e. V.: Ausgewählte Methoden zur prozessorientierten Arbeitsorganisation. REFA-Modulkonzept für Kooperationen in der Aus- und Weiterbildung. REFA-Sonderdruck Methodenteil. Darmstadt 2002

REFA Bundesverband e. V.: Wirkbereich. 2021. *https://refa-weiterbildung.de/wirkbereich*

REFA AG/REFA-Institut e. V.: REFA-Grundausbildung 4.0. Teil 2: Ermittlung und Anwendung von Prozessdaten. 2019 (198262/1)

REFA AG/REFA-Institut e. V.: REFA Kompakt-Grundausbildung 4.0. Das Basis-Know-how in Industrial Engineering. 1. Auflage. 2020 (198257/1)

Schmidt, M.: Konzeption und Einsatzplanung flexibel automatisierter Montagesysteme. Springer, Berlin/Heidelberg/New York 1992

Wirtschaftslexikon24.com: Definition von „Arbeitsplatz". 2021. *http://www.wirtschaftslexikon24.com/d/arbeitsplatz/arbeitsplatz.htm* (zuletzt aktualisiert am 17. 05. 2021)

7 Produktoptimierung für die Produktion – das wertoptimierte Produkt

7.1 Zusammenhang von Konstruktion und Produktionsplanung

Die Planer von Produktionsanlagen gestalten Arbeitsplätze für den arbeitenden Menschen unter ergonomischen Gesichtspunkten und versuchen, die Produktionskosten zu minimieren. Hierbei sind sie jedoch an die Vorgaben der Programmplanung und der Konstruktion gebunden. Die Programmplanung schreibt durch die Vorgabe von Kostenzielen und Kapazitätsforderungen vor, wie viel, wie teuer und wie schnell gefertigt bzw. montiert werden muss. Konstruktion und Entwicklung verantworten das Produkt mit seinen technischen Anforderungen. Damit legen sie den zu bearbeitenden Werkstoff, die anzuwendenden Fertigungsprozesse und die Prozesse in der Montage fest. Auf die Art, die Zeit und die Kosten der Wertprozesse haben Produktionsplaner in der Regel keinen Einfluss.

Konstrukteure legen die Funktion und den Aufbau eines Produkts, alle Verbindungsprozesse und die Zahl der Bauteile fest. Für die einzelnen Teile werden deren Geometrien und Maße, die Oberflächen, alle Gewichte, die zu verwendenden Werkstoffe sowie die einzuhaltenden Abweichungen von Vorgaben in Form von Toleranzen definiert. Diese Daten sind in der technischen Produktdokumentation und den technischen Zeichnungen festgelegt. Auch Variablen des Produkts, sogenannte Varianten (siehe Abschnitt 4.2.6.1), sind darin beschrieben.

Technische Zeichnungen enthalten alle zur Herstellung eines Teils benötigten Informationen und dienen als Basisdokument für die Gestaltung der Produktion. Bild 7.1 zeigt eine Welle als rotationssymmetrisches Produkt. Die technische Zeichnung gibt in Punkt **(1)** an, welche Maße (z. B. Länge = L8) und Varianten erzeugt werden müssen und an welchen Stellen besondere Formen zu fertigen sind **(2)**. Auch die einzuhaltenden Abweichungen von den Maßen **(3),** die Genauigkeiten in den Oberflächen **(4)** und das zu verarbeitende Material **(5)** sind vorgegeben.

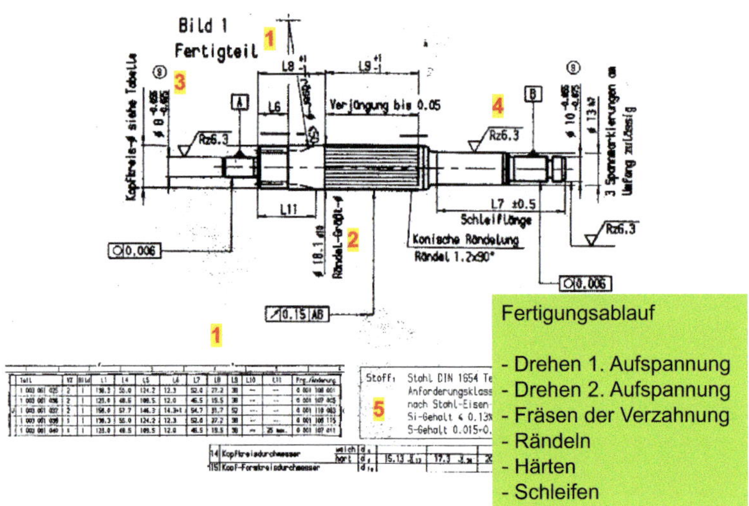

Bild 7.1 Technische Zeichnung einer Welle als Basis für den Fertigungsablauf (© Maximilian Schmidt 2001/2005)

Der Produktionsplaner übernimmt die technische Zeichnung als Vorgabe für seine Fertigungsauslegung. Die Welle der in Bild 7.1 dargestellten technischen Zeichnung fordert durch die rotationssymmetrische Gestaltung einen ersten Fertigungsprozess, der Drehen heißt. Das Werkzeug ist dabei fest eingespannt, während das Bauteil in einer rotierenden Spindel fixiert ist. Durch die Relativbewegung von rotierendem Bauteil und bewegtem Werkzeug wird die gewünschte Form erzeugt (siehe Bild 7.2).

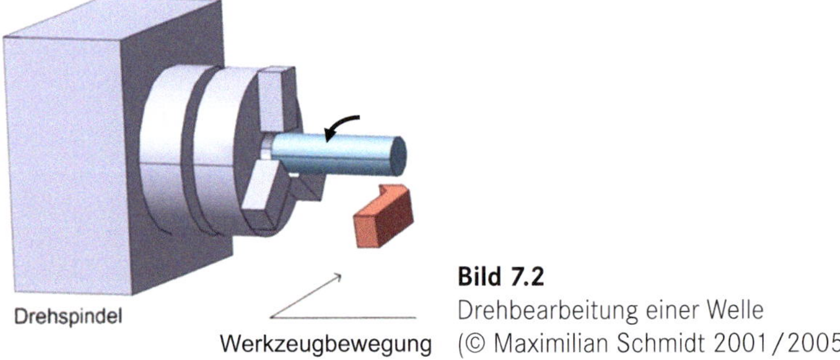

Bild 7.2
Drehbearbeitung einer Welle
(© Maximilian Schmidt 2001/2005)

In Bild 7.3 ist der Fertigungsablauf der Welle skizziert. Die Aufspannungen 1 und 2 weisen darauf hin, dass das Bauteil in zwei Schritten gefertigt werden muss, da die Spannstelle des Werkstücks in Bild 7.2 vom Werkzeug in der ersten Bearbeitungsfolge nicht erreicht werden kann. Danach müssen Zahnradformen gefräst, die Befestigung der Ankerbleche gerändelt und die Lagersitze gehärtet und geschliffen werden.

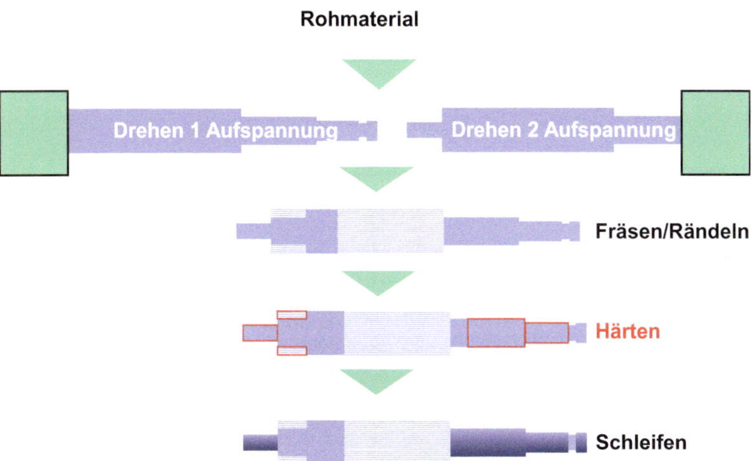

Bild 7.3 Fertigungsschritte einer Welle

Nach dem groben Muster von „weich nach hart" und von „ungenau zu genau" strukturiert der Planer die Fertigungsschritte im Beispiel von Bild 7.3.

In der Montage werden von der Konstruktion, zusätzlich zu den technischen Zeichnungen, häufig Zusammenbauanleitungen oder Baupläne vorgegeben. In Bild 7.4 ist ein Montagevorranggraph dargestellt (siehe Abschnitt 5.2.1.2, insbesondere Bild 5.9). Er zeigt die Reihenfolge, die zur Montage eines Bohrmaschinengetriebes eingehalten werden muss, und in Gelb den einzigen wahlfreien Bereich, in dem der Planer Variationsmöglichkeiten hat.

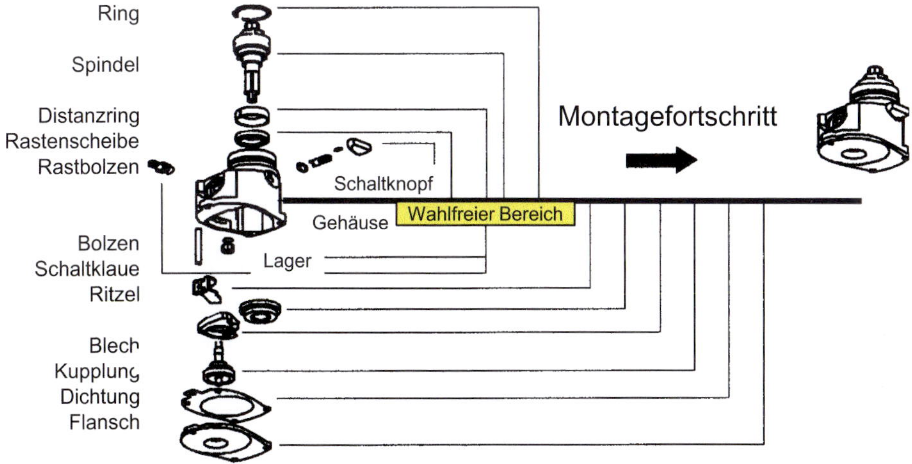

Bild 7.4 Montagevorranggraph eines Bohrmaschinengetriebes (© Maximilian Schmidt 1986)

Die Konstruktion bestimmt durch die Vorgaben des Produkts und dessen Struktur, wie, wie lange und wie teuer in der Montage gearbeitet wird. Die **Definition des Verbindungsprozesses** schafft Unterschiede von 900% in den Produktionszeiten – von minimal ca. 20 TMU beim Klipsen bis hin zu maximal 180 TMU beim Kleben.

Durch die **Höhe eines Produkts** oder die **Zugänglichkeit von Montagestellen** wird festgelegt, in welcher Haltung der Werker eine Schraube anbringen muss, wie er beispielsweise gebückt die Schweißzange führen muss oder ob er in ergonomisch günstiger Haltung arbeiten kann (siehe Bild 7.5). Ein Arbeiten im ergonomisch günstigen Bereich ist so per Vorgabe nur mit produktionstechnischen Hilfsmitteln möglich.

Bild 7.5
Montagepositionen im ungünstigen Bereich (© Maximilian Schmidt 1999)

Die erste Säule eines erfolgreichen Unternehmens ist ein Produkt, das einfach zu fertigen und zu montieren ist. Das betrifft die Kosten der Produktion und die Belastung der Mitarbeiter. Lotter spricht als Zielsetzung davon, dass eine montagegerechte Produktgestaltung der Schlüssel zur Sicherung der wirtschaftlichen Montage ist (Lotter 1994). Um dieses Ziel zu erreichen, sollte das Produkt aus Sicht der Produktion betrachtet werden und in einer produktionsgerechten Produktgestaltung konstruktiv ausgelegt sein. Mit dieser Aufgabe wird im Idealfall in der Entwurfsphase begonnen. Industriell spricht man auch von Simultaneous Engineering, d. h. von der parallelen Gestaltung von Produkt und Produktion.

7.2 Ansätze der produktionsgerechten Produktgestaltung

7.2.1 Minimale Teile- und Prozesszahl im Produkt

Das Ziel des Produktionsplaners ist es, das endgültige Produkt in so wenigen Produktionsschritten wie möglich kostengünstig zu erzeugen. Um dieses Ziel zu erreichen, sollte

- die Zahl der Bauteile eines Produkts minimal sein und
- die Zahl und Art der Fertigungs- und Montageprozesse so klein und einfach wie möglich gehalten werden.

Die Minimierung der Bauteile- oder Prozesszahl sollte deshalb bei der Produktgestaltung aus Sicht der Produktion im Vordergrund stehen.

Minimale Zahl von Bauteilen

Für den Produktionsplaner gilt: Stellen Sie Bauteile infrage. Diskutieren Sie mit den Konstrukteuren, ob das Bauteil wirklich gebraucht wird. Ein Bauteil, das in einem Produkt nicht benötigt wird, muss man nicht fertigen, montieren, transportieren etc. Es braucht weder Werkzeuge noch Rohmaterial, Menschen oder Maschinen. Das Produkt sammelt so überhaupt keine Kosten.

Im Idealfall muss nur ein Teil gefertigt werden, um aus dem Rohstoff das fertige Produkt zu schaffen. Dies ist beispielsweise in der Massenproduktion von Flaschen oder Folien zu finden.

Bild 7.6 zeigt eine Kunststoffflasche, bei der die Fertigung in einem Prozess aus dem Granulat die fertige Flasche erzeugt. Eine weitere Bearbeitung der Form ist nicht nötig, d. h. die Montage entfällt.

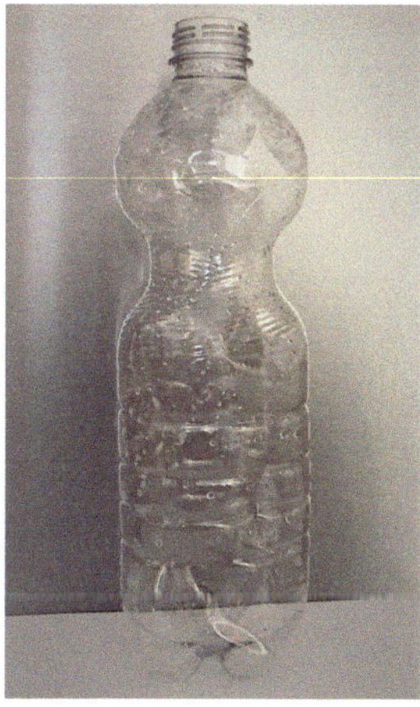

Bild 7.6
Kunststoffflasche als Beispiel für minimale Bauteilezahl (© Maximilian Schmidt 2022)

Massenproduktion/Großserie: Integration von Funktionen in Kunststoff- und Blechteilen

Bei der Massen- und Großserienproduktion können, aufgrund der hohen Leistungswiederholung, Verfahren wie Urformen (z. B. Spritzgießen) oder Umformen (z. B. Biegen) zum Einsatz kommen. Die hohen Kosten der Spritzgussformen, Gesenke und Matrizen kann man auf die große Menge der Teile umlegen.

Der Konstrukteur sollte als **Zielvorgabe auf eine minimal mögliche Teilezahl** verpflichtet werden und sich die Frage stellen lassen, ob ein Bauteil überhaupt zur Funktionserfüllung nötig ist. Verbindungselemente sind in diesem Zusammenhang von besonderem Interesse. Bild 7.7 verdeutlicht das an einem Haushaltsprodukt.

In Bild 7.7 führt die Funktionsintegration dazu, dass der Lenkfuß des Geräts von ursprünglich sieben Befestigungselementen mir nur drei Bauteilen am Gerät fixiert werden kann. Kernelement ist die selbstfurchende Schraube in Bild 7.7 rechts, durch deren Einsatz die Schraube, der Sicherungsring und die Scheibe eingespart werden.

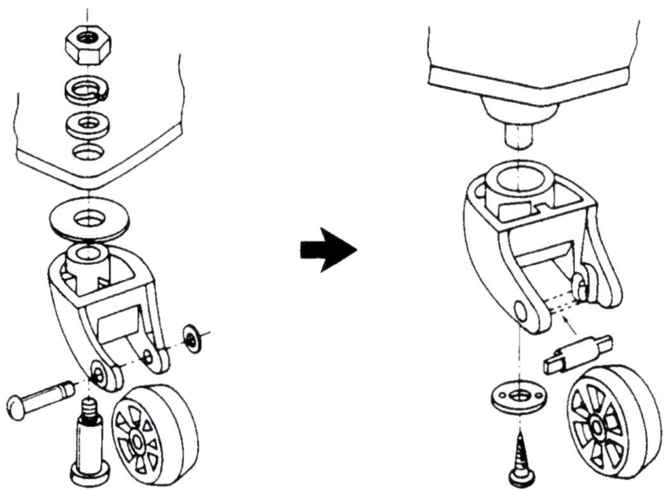

Bild 7.7 Funktionsintegration in Haushaltsgeräten (© Maximilian Schmidt 1984)

Mittelserie, Kleinserie und Einzelproduktion: Minimale Teilezahl durch Infragestellen von Teilen

Im niedrigeren Stückzahlbereich sinkt die Wiederholhäufigkeit in der Produktion und damit die Möglichkeit, aus Kostengründen zu automatisieren. Der Einsatz von Maschinen ohne menschliche Mitarbeit wird nur bei qualitätsrelevanten Prozessen oder bei Tätigkeiten zum Tragen kommen, die die Fähigkeiten des Menschen überschreiten. Eine Funktionsintegration bei Bauteilen wie im hohen Stückzahlbereich ist hier schwierig.

Als Beispiele sind an dieser Stelle die in Bild 7.8 dargestellten Montagelinien angeführt. In Bild 7.8 oben ist die Kombination einer getakteten Montage und Platzmontage von schweren Fräsmaschinen in Kleinstserie angeführt. Die maschinelle Unterstützung in der Produktion beschränkt sich auf den Transport der 5 t schweren Werkzeugmaschinen mit dem Kran.

Bild 7.8 Klein- und Mittelserienproduktion von Werkzeugmaschinen und Fahrzeugen (© Maximilian Schmidt 1999/1991)

Bild 7.8 unten zeigt die Montagelinie eines Kleinwagens. Hier werden die Radmuttern drehmomentüberwacht angezogen. Die restlichen Montagetätigkeiten werden manuell vollzogen. Während man in Bild 7.8 unten bei dem Kleinwagen mit Sicherheit Spritzguss- und Pressteile finden kann, wird der Anteil des Einsatzes dieser Bauteile bei der Werkzeugmaschine deutlich geringer ausfallen. Was bleibt, ist, den Konstrukteur zu motivieren, Bauteile der in Bild 7.8 dargestellten Produkte infrage zu stellen:

- Werkzeugmaschinenbau: Zwölf Schrauben zur Befestigung einer 2 mm dicken Abdeckplatte, die zusätzlich mit Flüssigdichtung angeklebt wird, sollen auf vier Schrauben reduziert werden (geschätzte Einsparung pro Schraube ca. 2 €).
- Automobilbau: Abschließbare Radmuttern werden an allen Kleinwagen appliziert, sind aber nur für die Japanversion (40 %) vorgeschrieben und nötig. Dies sollte geändert werden.
- Automobilbau: Die 13 l Erstbetankung für Kleinwagen sollte auf 8 l gesenkt werden.

Reduzieren/Vereinfachen von Produktionsprozessen

Ähnliche Überlegungen wie bei den Bauteilen selbst gelten auch für Produktionsprozesse. Ein Prozess, der nicht benötigt wird, braucht keine Menschen, Maschinen, Werkzeuge, Werkzeugwechsel- und Bearbeitungszeiten. Auch hier sollte sich der Konstrukteur folgende Fragen stellen: Was kann ich weglassen oder verändern? Dies kann sich auf

- den Werkstoff,
- die Genauigkeiten,
- die Struktur,
- die Bearbeitung sowie
- die Oberflächen (Lack)

beziehen. Als Produktionsplaner sollten Sie Prozesse infrage stellen, wobei die Funktion des Bauteils nicht gefährdet werden darf.

7.2.2 Produkte und Teile möglichst ohne Varianten

Massenprodukte wie das T-Modell von Henry Ford oder Haushaltssicherungen werden in immer derselben Art, Geometrie und Funktion hergestellt. Veränderungen oder Varianten treten nicht auf. Diese Produkte können produktionstechnisch exakt ausgeplant und optimiert werden.

Treten Varianten eines Produkts auf, wie es beispielweise bei Automobilen mit zwei oder mit vier Türen vorkommt, unterscheidet Abschnitt 5.2.4.3 zwischen zeitbeeinflussenden Veränderungen und Varianten, die keinen Einfluss auf die Arbeitszeit haben. Letztere wären, um bei dem Beispiel der Automobiltür zu bleiben, die Türgriffe, die sich in der Wagenfarbe unterscheiden. Der Einbau eines Griffs in die Automobiltür dauert immer gleich lang, obwohl für jedes Bauteil eine andere Sachnummer existiert.

Gelingt es dem Produktionsplaner in einem Produkt nicht, die Zahl der Bauteile zu reduzieren, kann man zumindest fordern, dass die Zahl der unterschiedlichen Varianten von Bauteilen verringert werden sollte. Betrachtet man Bild 7.1, würde das bedeuten, dass die gezeigte Welle statt fünf nur eine Sachzeichnungsnummer hat und die Varianten in der Bearbeitung der Längen, Durchmesser und Sonderformen entfallen. Die Stückzahlen dieser Teile würden sich summieren und eine etwaige Automatisierung würde rentabel werden.

Die Konstruktion sollte möglichst viele gleiche Teile in einem Produkt vorsehen. Produkte und Teile ohne Varianz bedeuten, dass möglichst einheitliche, gleiche Teile in einem Produkt verbaut werden oder dass die Produkte selbst konstruktiv identisch sind. Henry Ford hat das bei seinem legendären Model T klar formuliert, als er nach der Wagenfarbe gefragt wurde: „A customer can have a car painted any color he wants as long as it's black." (Ford 2007)

Diese Aussage von Henry Ford greift die Frage nach dem Sinn von Varianz in Teilen und Prozessen auf. Ford lehnte unterschiedliche Fahrzeugtypen ab. Er hinterfragte nicht, ob unterschiedliche Schrauben, Bohrungen, Befestigungsklipse etc. an einem Produkt nötig sind oder ob sich die Vielfalt der unterschiedlichen Bauteile reduzieren ließe. Er wendete immer dieselben Prozesse an. So ist es möglich, einheitliche Werkzeuge und Verfahren zu nutzen.

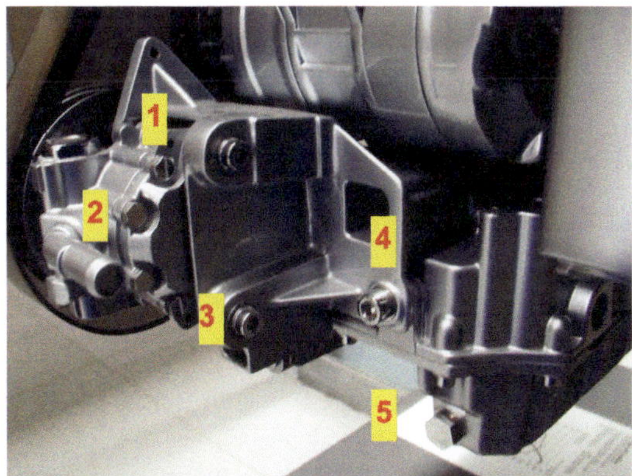

Bild 7.9
Unterschiedliche Schrauben an Produkten (© Maximilian Schmidt 2005)

Bild 7.9 zeigt Beispiele unterschiedlicher Schrauben an zwei Produkten. Am Motor in Bild 7.9 oben finden sich in dieser Ansicht fünf unterschiedliche Schraubentypen, an der Vorrichtung unten sind es sechs Varianten. Die Standardisierung von Verbindungselementen, Schrauben und Prozessen spart den Kauf, die Bevorratung und Positionierung der verschiedenen Teile und der unterschiedlichen Werkzeuge sowie die Handhabung der Werkzeuge bei einem Werkzeugwechsel.

Könnte man sich bei dem Motor aus Bild 7.9 auf einen Schraubentyp einigen, würde der Werker mit einem Schrauber arbeiten können. Die Handhabungsvorgänge zum Erfassen eines Werkzeugs (Schrauber) würden nur einmal anfallen. Bei den Schrauben aus Bild 7.9 ist es bei jedem neuen Schraubentyp nötig, einen neuen Schrauber zu holen, zu greifen und zurückzulegen.

Im Fall des manuellen Werkzeugwechsels sind das für eine in Bild 7.10 dargestellte und bewertete Aufnahme und Rückführung eines Schraubers in einem Balancer ca. 3 Sekunden pro Schraube. Der Werker muss dazu einen 60 cm entfernten Schrauber in einer Halteposition erfassen, greifen und 60 cm zur Schraubposition bewegen. Nach dem Setzen der Schraube führt er den Schrauber in seine ursprüngliche Lage zurück und lässt ihn los.

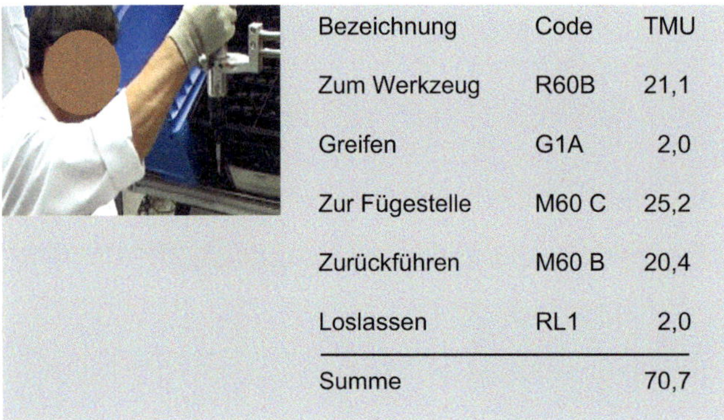

Bezeichnung	Code	TMU
Zum Werkzeug	R60B	21,1
Greifen	G1A	2,0
Zur Fügestelle	M60 C	25,2
Zurückführen	M60 B	20,4
Loslassen	RL1	2,0
Summe		70,7

Bild 7.10 Zeitliche Bewertung des manuellen Aufnehmens und Ablegens eines Schraubers

7.2.3 Varianten möglichst spät erzeugen oder den Einfluss isolieren

In der Montage ergeben sich für den Einbau von Varianten die in Bild 7.11 dargestellten beispielhaften Möglichkeiten. Bei der ersten Möglichkeit in Bild 7.11 entstehen die Varianten direkt in der Montagelinie. Das benötigte Material und alle erforderlichen Werkzeuge werden am jeweiligen Arbeitsplatz bereitgestellt. Der gelbe Pfeil symbolisiert die Zuführung aller Variantenteile in die Produktion.

Der Vorteil dieser Methode ist die Vermeidung von mehrmaligem Handhaben der Teile. Als **Nachteil** ist anzuführen, dass die **Prozesszeiten je nach Arbeitsinhalt der einzelnen Varianten schwanken** und der Arbeitsplatz für die größtmöglichen Teile, Werkzeuge und die maximale Prozesszahl ausgelegt werden muss.

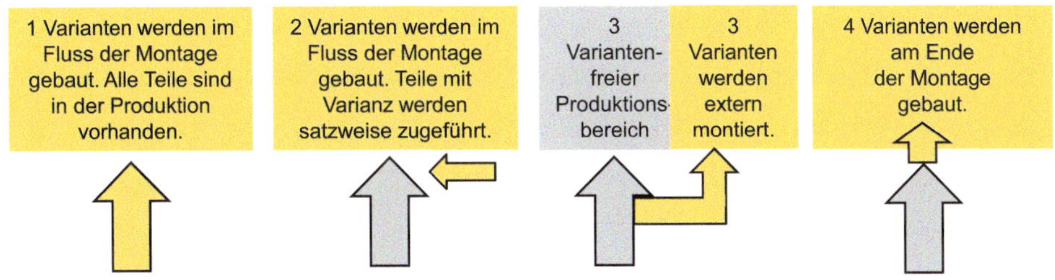

Bild 7.11 Vier Möglichkeiten der Variantenmontage

Eine zweite Möglichkeit besteht in der Bildung von kommissionierten Teilesätzen bzw. Baugruppen für die Variantenbildung. Der graue Pfeil in Bild 7.11 bedeutet, dass immer dieselben Bauteile ohne Varianz an den Arbeitsplatz gebracht werden. Zusätzlich dazu findet die Bereitstellung der kommissionierten Teile in einem „Set" (gelber Pfeil) statt. Im Unterschied zu Möglichkeit 1 werden nun nicht mehr alle Teile der Varianten vor Ort angeboten, sondern nur das Set, das für das aktuelle Produkt gebraucht wird. Dies spart Platz in der Montage, ändert aber an den schwankenden Prozesszeiten nichts.

In den Fällen 1 und 2 tragen die Varianten durch unterschiedliche Montageinhalte und Zeiten zu einer Veränderung der Arbeitsinhalte bei. Je früher die Schwankung auftritt, desto mehr können nachgelagerte Montageplätze davon betroffen sein.

Ist kein Platz bzw. keine Kapazität zur Erzeugung einer Variante innerhalb der Montagelinie vorhanden, können die Varianten außerhalb der Montagelinie entweder durch Ausschleusen extern oder im nachgelagerten Montageabschnitt eingebaut werden. Damit schafft man **im grau gefärbten Produktionsabschnitt** von Bild 7.11 eine **einheitliche Arbeitsbelastung**. In Variante 3 kann allerdings eine Reihenfolgeänderung der Produkte auftreten.

Die Lösung 4 – der Einbau von Varianten in einer möglichst späten Produktionsstufe – ist der beste Fall, da keine nachgelagerten Montageschritte beeinflusst werden. Dies macht allerdings konstruktive Maßnahmen erforderlich. Die Variante muss am Ende der Montage zu erzeugen sein.

7.2.3.1 Varianten konstruktiv spät erzeugen

Wenn Varianten auftreten, sollten sie so spät wie möglich einfließen. Ideal ist es, die Varianz nach einer standardisierten Produktionslinie ohne Varianz in den Produktionsinhalten zu erzeugen. Andreasen beschreibt diesen Fall schon 1988 anhand des in Bild 7.12 dargestellten Beispiels (Andreasen/Ahm 1988).

Die in Bild 7.12 links dargestellten Montageschritte laufen ohne Varianz ab und sind damit automatisiert durchführbar. In Bild 7.12 rechts findet die Erzeugung der Varianten statt. Die Montage verarbeitet in Losgröße 1 immer neue Geometrien der Köpfe. Dabei können zeitliche Unterschiede beim Aufstecken auftreten. An eine automatisierte Zuführung der Bauteile ist in Bild 7.12 rechts nicht zu denken, da die Unterschiede der Formen zu groß sind.

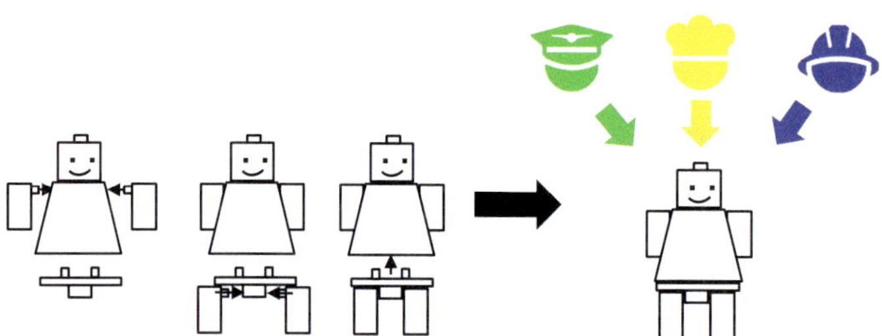

Bild 7.12 Aufbau von Varianten durch manuelles Aufstecken der Köpfe am Ende der Montage (in Anlehnung an Andreasen/Ahm 1988)

7.2.3.2 Varianteneinflüsse isolieren

Kann der Varianteneinfluss nicht an das Ende des Produktionsprozesses gestellt werden, sollte man versuchen, die Varianz im Produkt und deren Einflüsse zu isolieren und zu begrenzen. Damit ist gemeint, dass unterschiedliche Produktionsinhalte zur Schaffung der Variante in einer einheitlichen Form „verpackt" werden und der Einbau dieser Baugruppe immer dieselbe Zeit in Anspruch nimmt.

Varianten in Baugruppen verpacken

Die Lebensmittelproduktion benutzt diese Methode, um Transport- und Lagersysteme zu vereinheitlichen. Die ursprünglichen Produkte Mehl, Milch oder Saft werden durch eine standardisierte Verpackung (z.B. Tetra Pack[1]) zum bedruckten

[1] „Tetra Pak ist ein weltweiter Marktführer, wenn es um Verarbeitungs- und Verpackungslösungen geht. In enger Zusammenarbeit mit unseren Kunden und Lieferanten bringen wir sichere, innovative und umweltverträgliche Produkte auf den Markt, die den Anforderungen von hunderten Millionen Menschen in mehr als 160 Ländern gerecht werden. Wir sind auf Komplettlösungen für das Verarbeiten, Verpacken und Vertreiben von Lebensmittelprodukten spezialisiert. Unsere Lösungen sind speziell darauf ausgelegt, mit Ressourcen so wirtschaftlich wie möglich umzugehen. Milchprodukte, Getränke, Eiscreme, Käse, sonstige Lebensmittel sowie Gemüse und Tiernahrung sind Beispiele für Produkte, die in unseren Linien verarbeitet oder verpackt werden können" (Tetra Pak 2021).

Quader in identischen Dimensionen und passen so in standardisierte Lagerfächer und auf bzw. in genormte Transportbehälter. Die ursprüngliche Variante und deren physikalische Unterschiede werden genormt. Damit ist eine automatisierte Handhabung möglich und wirtschaftlich.

Varianteneinflüsse begrenzen

Wenn es nicht möglich ist, das Produkt durch eine Verpackung in eine einheitliche Form zu bringen, kann man versuchen, die Varianz in einzelne Baugruppen zu „verpacken“, die mit standardisierten Schnittstellen versehen sind. Als Beispiele seien hier angeführt:

- Kameraobjektive mit einheitlichem Bajonettverschluss (Massenproduktion)
- Werkzeugmaschinen im Baukastensystem (Kleinserienproduktion)

Im Fall des Kamerasystems in Bild 7.13 sind zwei Objektivvarianten angeführt: ein Schiebezoom und ein Fisheyeobjektiv. Beide Objektivvarianten weisen unterschiedliche Fertigungs- und Montagezeiten auf, bei der Montage am Kameragehäuse haben sie allerdings den identischen Verbindungsprozess und somit dieselbe Montagezeit.

Bild 7.13 Objektivvarianten mit einheitlicher Schnittstelle (© Maximilian Schmidt 2021)

Am Beispiel der Werkzeugmaschinenproduktion sei dies an kleinen Stückzahlen verdeutlicht: Bei der Neukonstruktion einer Baureihe von Werkzeugmaschinen wird versucht, die Varianz der Maschine nur durch eine Kombination von unterschiedlichen, varianten Baugruppen zu erreichen (siehe Bild 7.14). Die variantenfreien Baugruppen erlauben eine exakt ausplanbare Vorfertigung und -montage. Die Endmontage läuft störungsfrei stabil.

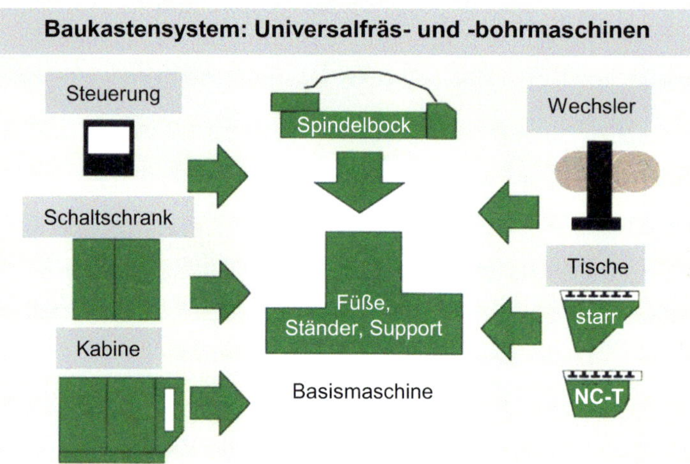

Bild 7.14 Baukastensystem von Fräsmaschinen (© Maximilian Schmidt)

Die einzelnen Baugruppen, wie der in Bild 7.15 gezeigte Spindelbock mit angebautem Fräskopf, weisen in sich keine Varianten auf. Die Maschine besitzt drei verschiedene Spindelbocktypen, vier Wechsler, Aufspanntische und Steuerungen etc. Die unvernetzte Funktionsfähigkeit des Spindelbocks verhindert außerdem, dass Fehler in den Baugruppenmontagen in die Endmontage und den Bereich der Inbetriebnahme verschleppt werden.

Bild 7.15 Variantenneutrale Baugruppe Spindelbock an einer Fräsmaschine (© Maximilian Schmidt)

7.2.4 Wahl und Gestaltung der Wertprozesse in der Montage

Die verschiedenen Wertprozesse in der Montage werden in Abschnitt 5.2.1.3 vorgestellt und besprochen. Sie sollten bei der Entwicklung eines Produkts unter zeitlich optimalen Gesichtspunkten ausgewählt bzw. gestaltet werden. Zur Wiederholung sind die fünf Prozesse der Verbindung im Folgenden nochmals aufgeführt:

- **Wertschöpfungsprozess 1:** Das Fügen und das Verbinden ist ein Prozess (z. B. Stecken, Schnappen, Rasten, Klemmen, Verkrallen und Einpressen).
- **Wertschöpfungsprozess 2:** Das Fügen und das Verbinden sind zwei getrennte Prozesse ohne zusätzliche Hilfsstoffe oder Verbindungselemente, z. B. Scher-Quetschverbindungen, Schränken, Ultraschallschweißen (US-Schweißen), Widerstandspunktschweißen oder Vernieten von Zapfen. Der Zeitbedarf wächst durch das zusätzliche Positionieren des Geräts und die Prozesszeit, die in Bild 7.16 mit 1 Sekunde angenommen wird.
- **Wertschöpfungsprozess 3:** Das Fügen und das Verbinden sind zwei getrennte Prozesse. Die Verbindung wird durch ein zusätzliches Verbindungselement mit einem einfachen Bewegungsablauf vollzogen (z. B. Stifte, Nieten, Sicherungsscheiben, Klipse oder Klammern). Zusätzlich zu den zu fügenden Teilen muss jetzt das Sicherungselement gefügt werden.
- **Wertschöpfungsprozess 4:** Das Fügen und das Verbinden ist ein Prozess mit einem zusätzlichen Verbindungselement und einem komplizierten Bewegungsablauf (z. B. Schrauben). Der Zeitbedarf wächst durch das Eindrehen der Schraube.
- **Wertschöpfungsprozess 5:** Das Fügen und das Verbinden werden als getrennte Prozesse betrachtet. Die Verbindung wird durch Hilfsmittel erzeugt, die lange Erwärm-, Abkühl- oder Aushärtezeiten erfordern, z. B. Schweißen, Löten, Kleben oder Schrumpfen. In der Zeitbetrachtung in Bild 7.16 wurde eine Prozesszeit von 3 Sekunden angenommen.

7.2.4.1 Wahl des Wertprozesses

Bild 7.16 zeigt die kostenseitigen Unterschiede der Wertprozesse. Vergleicht man die Wertschöpfungsprozesse 1 bis 5 ohne Handhabungszeiten miteinander, so lässt sich das Einsparungspotenzial bei den gezeigten Beispielen direkt ablesen. Die konstruktiv bedingte Entscheidung, zwei Bleche zu verrasten (WS1) oder zu verkleben (WS5), kostet im Fall des Klebereinsatzes im schlechtesten Fall das Elffache.

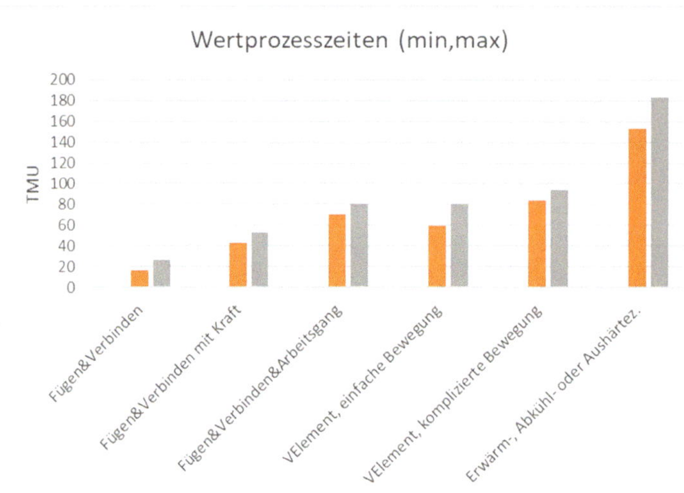

Bild 7.16 Zeitvergleich der Wertprozesse 1 bis 5 mit MTM-1

Bewertung der Komplexität von Wertprozessen mit PROKON

PROKON ist ein auf MTM-1 basierendes Verfahren zur Analyse und Bewertung konstruktiver Lösungen bezüglich ihrer Montagegerechtigkeit (Bokranz/Landau 2006).

PROKON beschreibt jeden Montagevorgang von Einzelteilen oder Baugruppen eines Erzeugnisses. Die dabei wirkenden Einflussgrößen sind als Montageerschwernis definiert und mit einem Wert belegt. Die Summe der Einzelwerte für alle Montagevorgänge am Erzeugnis ermöglicht eine Aussage über die Montagetauglichkeit der Konstruktion (MTM ASSOCIATION e. V. 2021).

Hierzu wird der Anwender in einem PROKON-Analyseblatt angehalten, Montagehandlungen so zu beschreiben, wie sie sich aus dem konstruktiven Aufbau ergeben (siehe Bild 7.17). Der **Schwierigkeitsgrad der Montage** ergibt sich durch die im Folgenden genannten erschwerenden Merkmale.

Der Schwierigkeitsgrad ergibt sich erstens aus dem zu fügenden Teil oder der zu montierenden Baugruppe mit

- einem Gewicht, das kleiner oder größer als 8 daN ist,
- Hauptabmessungen und Teiledimensionierung sowie
- der Anzahl der Fügestellen (MTM ASSOCIATION e. V. 2021).

Der Schwierigkeitsgrad ergibt sich zweitens aus dem Montageort, der Fügestelle und den Fügebewegungen mit

- der Zugänglichkeit,
- der Sichtfreiheit sowie
- den erschwerten Handhabungsbedingungen.

Der Schwierigkeitsgrad ergibt sich drittens aus dem Verbindungsprozess mit

- den Prozessen P1, P2, P3 von MTM-1 sowie
- einem möglichen Werkzeugeinsatz (MTM ASSOCIATION e.V. 2021, Bokranz/Landau 2006).

Objekt:	Basiswert		Montageerschwernis																
	Gewicht 1Fügestelle		Hauptabmessung	Teiledimension	Anzahl Fügestellen			mit Behinderung		falsche Einbaulage möglich	mit Festhalten	Nachrichten beim Fügen	ohne Positionierhilfen	Änderung Fügerichtung pro Achse (x,y,z)	Justage/Prüfen	Prozess			Zahl Werkzeuge
Beschreibung	< 8 daN	>8 daN	>300x300 mm	> 800 mm	2.	3.	>3 Anz.	Sicht	Raum							P1	P2	P3	
Bauteil A			Montagerschwernisse werden für jedes Bauteil ermittelt.																

Bild 7.17 PROKON-Analyseblatt (in Anlehnung an Bokranz/Landau 2006)

Die Analyse mit PROKON wird in folgenden Schritten vorgenommen:

- Das Objekt wird in **Einzelteile** zerlegt. Diese Einzelteile werden in der Montagereihenfolge nacheinander bezüglich ihrer **Montageerschwernisse** in der **Beschreibung** bewertet.
- Wird ein Teil häufiger verbaut, wie beispielsweise zwei Schrauben, ist die Summe bei der Eingabe zu berücksichtigen.
- Als **Ergebnis** erhält man einen **summierten Gesamtwert**, der aussagt, wie gut (oder schlecht) das Produkt gestaltet ist (MTM ASSOCIATION e.V. 2021).

Dieser Punktwert sagt etwas über die Komplexität des Produkts und seiner Verbindungsprozesse aus. Er ist in direkter Korrelation zur Produktionszeit und den spezifischen Produktionskosten zu sehen.

Angewendet auf die Baugruppe der Klimaanlage eines Porsche Panamera (siehe Abschnitt 3.2, insbesondere Bild 3.2) ergibt sich die in Bild 7.18 dargestellte PROKON-Analyse. Das Bauteil „bumper“ wird in der Ausarbeitung dreimal verbaut. Für die zwei unterschiedlichen Schrauben müssen zwei Werkzeuge eingesetzt werden. Als Ergebnis ergibt sich ein PROKON-Wert von 3425.

product	basic value		influences on assembly																
	weight 1. joint		main size	parts dimension	number of joints			with problems		wrong assembly posit. possible	with add. fixture	adjust while joining	no joining aids	change joining direction (x,y,z)	adjustment checking	process			number of tools
specification	< 8 daN	> 8 daN	> 300x300 mm	> 800 mm	2.	3.	> 3 Anz.	sight	space							P1	P2	P3	
holder	1	0	0	0	0	0	0	0	0	0	0	0	0	0	0	0	0	0	0
bumper	3	0	0	0	0	3	0	3	3	0	0	0	3	0	3	0	3	0	0
adapter	1	0	0	0	0	0	1	1	1	1	1	1	1	3	1	0	3	0	0
fan	1	0	0	0	0	0	2	1	1	0	1	1	1	1	0	1	0	1	0
screw 1	1	0	0	0	0	0	0	0	0	0	0	0	1	1	0	0	1	0	1
cap	1	0	0	0	0	1	0	0	0	0	0	1	1	0	0	0	0	1	0
screw 2	1												1			0	1		1
how often	9	0	0	0	0	4	3	5	5	1	2	3	8	5	4	1	8	2	2
value	40	55	10	100	10	15	40	15	35	15	20	10	15	20	100	50	150	300	40
total value	360	0	0	0	0	60	120	75	175	15	40	30	120	100	400	50	1200	600	80
															total value				3425

Bild 7.18 PROKON-Analyse der Lüfterbaugruppe einer Klimaanlage

Konstruktionsvergleich mit PROKON

Im Fallbeispiel soll der Wertprozess 1, das kombinierte Fügen und Verbinden, mit dem sehr häufig verwendeten Schrauben (Wertprozess 4) verglichen werden. Als Beispielprodukte dienen zwei Schreibgeräte. In Bild 7.19 links ist ein Federhalter mit Schraubkappe und rechts ein Schreibgerät mit Steckkappe abgebildet.

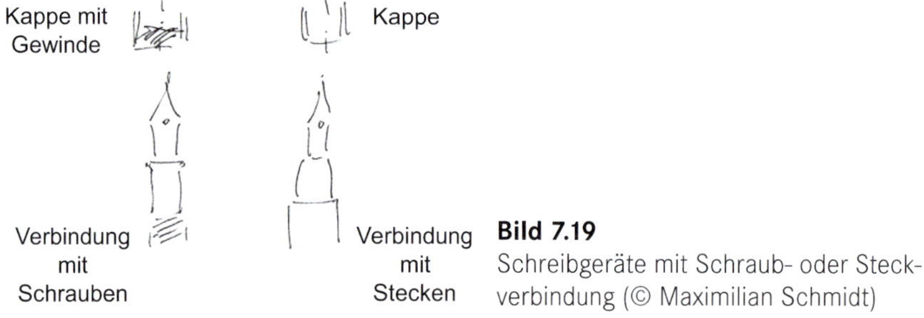

Bild 7.19 Schreibgeräte mit Schraub- oder Steckverbindung (© Maximilian Schmidt)

Die PROKON-Analyse des Schraubens ergibt bei einem notwendigen Nachrichten beim Aufsetzen und Festschrauben, einer engen Toleranz zwischen Kappe und Schreibgerät und einem leichten Druck beim Aufsetzen einen Punktwert von 225.

Die PROKON-Analyse der Steckverbindung ermittelt in Bild 7.20 einen PROKON-Wert von 50. Der Fügeprozess P2 entfällt, da durch ein Spiel zwischen Kappe und Stift von > 12 mm der Fügeprozess in eine Bringbewegung umgewandelt wird.

Im Vergleich der Punktwerte weist die Schraubverbindung einen 4,5-fachen höheren Betrag auf als das Stecken.

Objekt:	Basiswert		Montageerschwernis																
	Gewicht 1 Fügestelle		Hauptabmessung	Teiledimension	Anzahl Fügestellen			mit Behinderung		falsche Einbaulage möglich	mit Festhalten	Nachrichten beim Fügen	ohne Positionierhilfen	Änderung Fügerichtung pro Achse (x,y,z)	Justage/ Prüfen	Prozess			Zahl Werkzeuge
Beschreibung	< 8 daN	>8 daN	>300x300 mm	> 800 mm	2.	3.	>3 Anz.	Sicht	Raum							P1	P2	P3	
Steckkappe	1				1														
Summe Häufigkeit:	**1**	**0**	**0**	**0**	**1**	**0**	**0**	**0**	**0**	**0**	**0**	**0**	**0**	**0**	**0**	**0**	**0**	**0**	**0**
Wert:	**40**	**55**	**10**	**100**	**10**	**15**	**40**	**15**	**35**	**15**	**20**	**10**	**15**	**20**	**100**	**50**	**150**	**300**	**40**
Wert Gesamt	40	0	0	0	10	0	0	0	0	0	0	0	0	0	0	0	0	0	0
															Gesamtwert				**50**

Bild 7.20 PROKON-Analyse des Steckens

Konstruktive Detailanalyse mit PROKON

PROKON eignet sich allerdings nicht nur zur summarischen, vergleichenden Analyse des Gesamtprodukts. Durch eine detailliertere, methodische Anwendung kann der Planer Verbesserungspotenziale an Produkten lokalisieren und mit Zeitwerten versehen. Damit wären gezielte Änderungen im Produkt monetär quantifizierbar und der Nutzen von Investitionen in neue Modelle, Formen und Werkzeuge im Nutzen berechenbar.

Hierzu muss der Planer/Konstrukteur alle PROKON-Werte eines zu montierenden Produkts einzeln betrachten und den Werteanstieg von Bauteil zu Bauteil untersuchen. Der zeit- und kostenmäßige Anstieg der Verbindungsprozesse kann so bildlich dargestellt werden und erlaubt eine zielgerichtete Optimierung. Bild 7.21 greift das Beispiel von Bild 7.18 auf und analysiert den Werteanstieg bei der Lüfterbaugruppe des Porsche Panamera. Der endgültige Punktwert von 3425 wird in sechs Schritten erreicht.

Der Werteverlauf in Bild 7.21 zeigt beispielsweise, dass bei der Montage der drei Bumperbauteile der höchste Anstieg des PROKON-Wertes zu verzeichnen ist. Danach folgt der Adapter. Eine konstruktive Überarbeitung könnte sich auf diese Teile beziehen und so den größten Nutzen aus Produktionssicht liefern. Ein Vorschlag wäre, die drei Bumper durch ein ringförmiges Bauteil zu ersetzen.

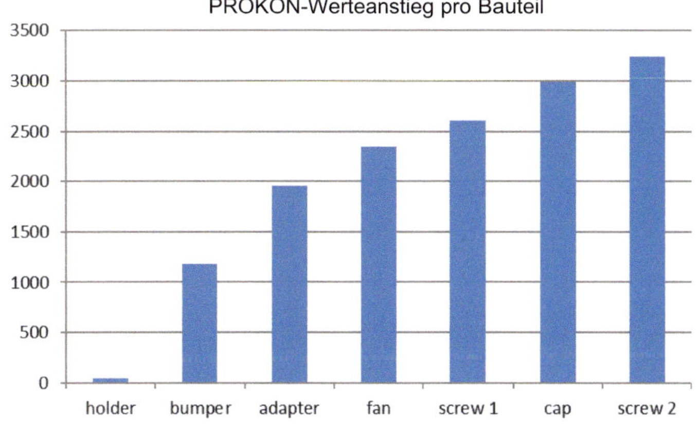

Bild 7.21 PROKON-Werteverlauf in einer Baugruppe der Klimaanlage eines Porsche Panamera

7.2.4.2 Gestaltung der Bauteile zur Minimierung der Verbindungszeit

Um eine minimale Verbindungszeit zu erreichen und den Wertprozess zu optimieren, muss man sich an den Einflussgrößen auf die Fügeprozesse und den damit verbundenen Zeitbausteinen in MTM orientieren (siehe auch Abschnitt 4.3, insbesondere Bild 4.9).

Die Grundbewegung Fügen stellt einen Großteil der vollständigen Platzierbewegung dar. Diese besteht aus zwei Teilen:

- der Transportbewegung
- den Richtbewegungen

Die Transportbewegungen lassen sich in die drei aufeinanderfolgenden Komponenten Bringen, Anfügen und Einfügen unterteilen (Antis et al. 1969).

Die Einflussgrößen auf den Fügeprozess sind, abweichend von den ursprünglichen MTM-Untersuchungen von Maynard, nach offizieller Lehrunterlage der deutschen MTM-Vereinigung folgende:

- Passungsklasse
- Symmetrie
- Handhabung (Antis et al. 1969)

Die Verbindungszeit und damit die Kosten des Wertprozesses hängen damit nicht nur vom eigentlichen Montageprozess, sondern auch von der Gestaltung der Teile und der Arbeitssituation ab.

Übersetzt in ein Regelwerk für die Montage bedeutet das Folgendes:

(1) Gestalten Sie die Passungsklasse des Bauteils so, dass ein Bringen (Move) statt Fügen ermöglicht wird.

Fügen ist per Definition die Grundbewegung, die von den Fingern oder der Hand ausgeführt wird, um einen Gegenstand mit einem anderen zusammenzusetzen (Antis et al. 1969). Der Wertprozess 1, Fügen und Verbinden, ist ein Prozess, bei dem ein leichter Druck erforderlich ist. Laut MTM kann er in die Passungsklasse P2 eingestuft werden. Diese Fügeklasse beginnt ab einem Spiel kleiner als 12 mm und beinhaltet eine Fügetiefe von 25 mm (Antis et al. 1969).

Durch Einführschrägen an einem der Fügepartner kann dieser Prozess P2 in einen Bewegungsprozess (Move) mit geringerem Zeitaufwand überführt werden.

Bild 7.22 vergleicht beispielhaft die unterschiedlichen Lösungsmöglichkeiten, links ohne Einführschräge, rechts mit einer Senkung am aufnehmenden Bauteil oder mit der halbkugelartigen Gestaltung des einzuführenden Elements. In Bild 7.22 links sind zwei Bauteile ohne Einführschrägen gezeichnet. Das Spiel zwischen der Welle und dem aufnehmenden Grundelement ist kleiner als 12 mm. Der Planer muss einen Fügeprozess P2 analysieren. Würde man das Grundelement mit einer Schräge versehen, wie mittig geschehen, kann dieses Spiel über das Maß 12 mm vergrößert werden. Dadurch muss nur noch ein Bewegungsprozess (Move) analysiert werden. In Bild 7.22 rechts ist die Welle verrundet. Die Kollisionskante bzw. das Spiel zwischen den Teilen wird hier ab der Mitte der Welle bis zur Bohrungswand im Grundelement gemessen. In beiden Fällen spart man zwischen 72 % und 88 % an Montagezeit ein.

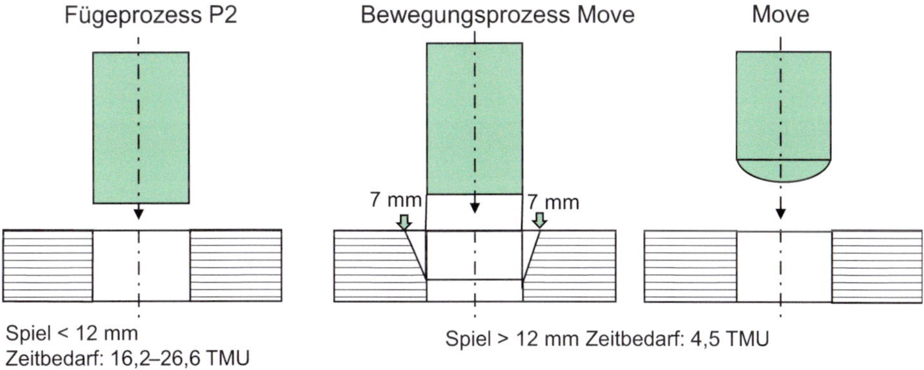

Bild 7.22 Einführschrägen bei Fügevorgängen im Fügeprozess P2

Die Entscheidung, welcher der beiden Verbindungspartner bearbeitet werden sollte, muss unter technischen und auch unter Kostengesichtspunkten gefällt werden. Die Einsparung an Montagezeit bedeutet einen Mehraufwand bei der Bearbeitung der Welle oder des aufnehmenden Teils.

Es gilt am Beispiel von Bild 7.22 zu klären,

- ob bei Massenproduktion die Einführschräge mitgestanzt oder die Rundung am Rohling beispielsweise durch Schmieden erzeugt werden kann oder
- ob bei anderen Stückzahlbereichen die höheren Fertigungskosten für Senkung oder Verrundung niedriger ausfallen als die Einsparung an Montagezeit.

Im Vergleich ergeben sich an symmetrischen Bauteilen Einsparungspotenziale nach Bild 7.23.

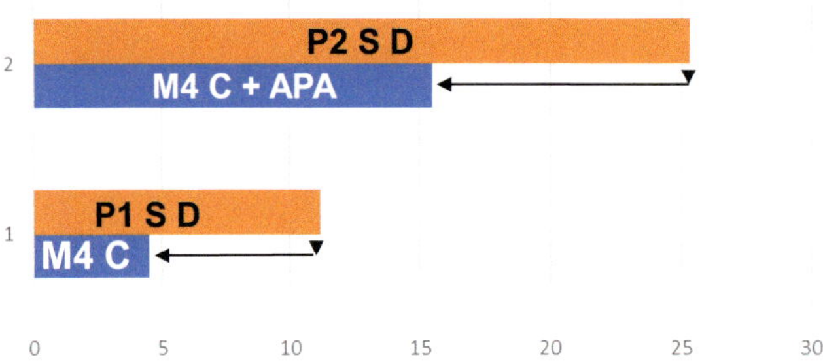

Bild 7.23 Einsparungspotenziale durch Fügeschrägen

(2) Ziehen Sie Symmetrie der Asymmetrie vor.

Die bisherige Betrachtung der Fügestelle geht von drehsymmetrischen Bauteilpaarungen aus. Da diese Bedingung nicht immer gegeben ist, sieht MTM in allen Fügeprozessen ein Ausrichten des Bauteils zur aufnehmenden Basis vor. Dieses Ausrichten kann bei symmetrisch gestalteten Bauteilen entfallen. Die damit verbundene Einsparung liegt bei 4,8 TMU oder rund 23 % (siehe Bild 7.24).

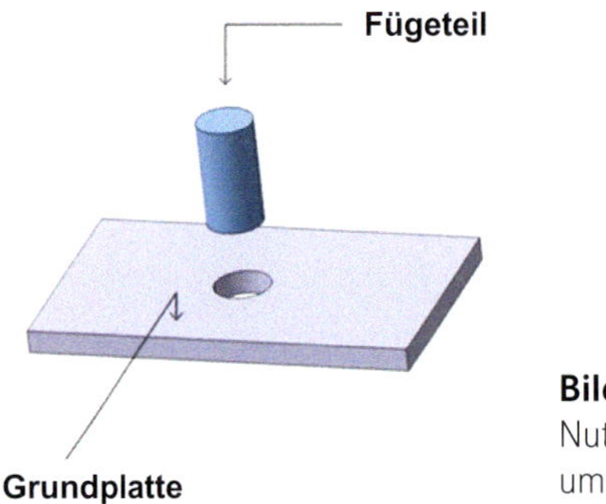

Bild 7.24
Nutzen der Symmetrie: Einsparung in Klasse P2 um bis zu 23 %

(3) Vereinfachen Sie die Handhabung, d. h., erlauben Sie einfaches statt schwieriges Fügen.

Eine weitere Einflussgröße beim Fügen ist die Art der Handhabung an der Fügestelle. Die Handhabungszeit kann dabei sowohl durch die Bauteile als auch durch die Arbeitsumstände verlängert werden. MTM unterscheidet zwischen einfachem und schwierigem Fügen.

Bezogen auf die Bauteile bedeutet das, dass Teile nicht

- sehr klein,
- scharfkantig und zerbrechlich,

- gefettet und schmierig,
- flexibel und biegeschlaff,
- statisch überbestimmt,
- schwerer als 1 kg,
- beim Fügen behindert sowie
- sichtbehindert (Antis et al. 1969)

sein sollten, um ein einfaches Fügen möglich zu machen. Ansonsten muss auf die Handhabung und das Fügen der Teile eine besondere Aufmerksamkeit gerichtet werden, die die Prozesszeiten verlängert.

Neben der Art der Bauteile kann die Gestaltung der Fügestelle selbst auf die Zeit und damit die Kosten Einfluss nehmen. Wenn der Mitarbeiter den Ort des Fügens nicht sehen kann, weil ein Werkzeug den Blick versperrt oder der Monteur sich die Finger einklemmt, weil die Fügestelle zu wenig Platz für die Handhabung hat (siehe Bild 7.25), wird zusätzlicher Mehraufwand benötigt.

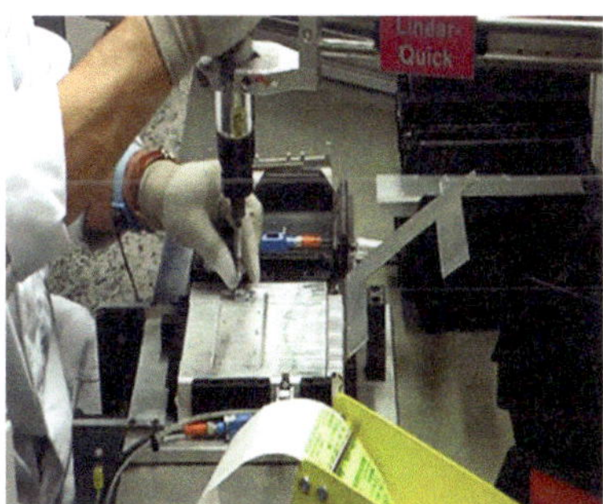

Bild 7.25 Arbeitsumstände, die den Wertprozess verzögern: Griffabstand und Sichtbehinderung (© Maximilian Schmidt 1999/2005)

Um ein einfaches Fügen möglich zu machen, sollten folgende Situationen vermieden werden:

- Fingerversetzen während des Fügens
- Sichtbehinderung an der Fügestelle
- Behinderung durch Platzmangel an der Fügestelle
- großer Griffabstand zur Wirkstelle (Antis et al. 1969)

Konstruktiv kann dies im Fall von Bild 7.25 bedeuten, dass mehr Platz an der Schraubstelle oder ein Verlegen der Steckverbindung vorgesehen wird.

Zusammenfassung

Die konstruktive Gestaltung der Fügestelle spielt unter Kosten und Zeitgesichtspunkten eine wesentliche Rolle. Einführschrägen können bis zu 70 % Kosten in der Montage einsparen, verursachen allerdings im Fertigungsprozess die Kosten der Bearbeitungszeit und von Werkzeugen.

Das darüber hinaus gehende Potenzial durch die Gestaltung der Arbeitsbedingungen an der Fügestelle liegt bei rund 40 % (siehe Bild 7.26).

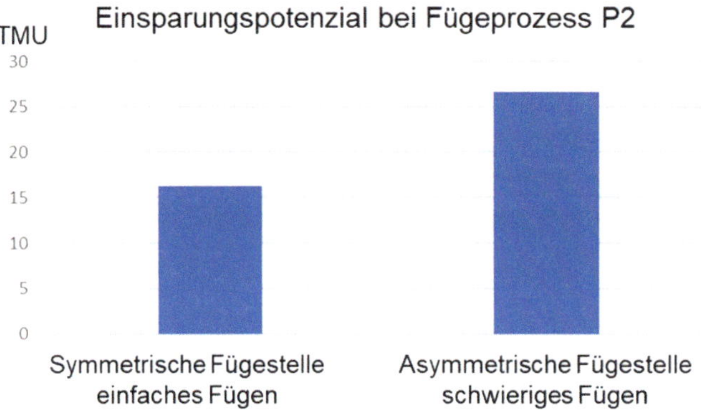

Bild 7.26 Einsparungspotenziale an der Fügestelle

7.2.5 Konstruktive Gestaltung der unterstützenden Prozesse

Alle Wertprozesse in der Montage, wie beispielsweise das Fügen zweier Bauteile, benötigen mindestens zwei zuführende Bewegungen. Sie dienen dazu, die Fügepartner in die gewünschte Position zu bringen und machen den Wertprozess damit erst möglich. Diese unterstützenden Prozesse (siehe Bild 5.15, Bild 6.6 und Bild 6.7), führen die Mitarbeiter manuell aus, oder ein Roboter übernimmt sie automatisiert. Beide nehmen die Bauteile an einer Übergabestelle auf und bewegen sie an die Verbindungsstelle.

Gestalterisch kann der Arbeitsplaner auf diese Prozesse Einfluss nehmen und versuchen, sie optimiert zu gestalten. Es gilt zu erklären, ob und wie das Produkt diese zuführenden, logistischen Prozesse beeinflusst. Die folgende Betrachtung bezieht sich auf Montageprozesse, kann aber jederzeit auf bearbeitende Tätigkeiten in die Fertigung übertragen werden.

Bild 7.27 zeigt die Situation einer Schraube **(a),** die in der skizzierten Kurvenbewegung durch einen Deckel **(1)** an die Verbindungsstelle geführt wird. Die Schraube soll zwischen den Bauteilen **(2 und 3)** eine Haltekraft erzeugen. Hierzu ist die zugehörige Mutter **(b)** von der Gegenseite anzuschrauben.

Die Einführbewegung der Schraube ist nicht linear. Das zur Befestigung notwendige Werkzeug muss unter beengten Verhältnissen eingeführt werden. Etwaige Einführschrägen zur leichteren Bewegung fehlen. Außerdem können die Werker die Montagesituation nicht einsehen. Es handelt sich um eine „blinde" Montage.

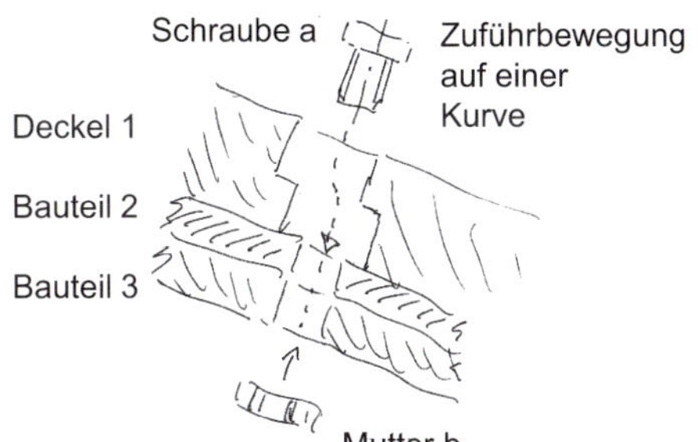

Bild 7.27
Montagesituation einer Schraubverbindung

Die unterstützenden Bewegungsprozesse bei dieser Montage sind

- eine Bewegung der Schraube und des Werkzeugs auf einer Bahn sowie
- eine geradlinige Bewegung der Mutter bis zum Ansetzen an den ersten Gewindegang.

Aus Sicht von MTM-1 sind beide Bewegungen „Bringbewegungen" (Move). Auf sie wirken folgende Einflussgrößen:

- die Bewegungslänge der Zuführung
- der Bewegungsfall
- der Kraftaufwand (0,1–2,2 kg)

Im Fall der in Bild 7.27 dargestellten, nicht linearen Bewegung der Schraube **(a)** muss eine Bewegung mit hohem Kontrollaufwand und der Codierung MC analysiert werden. Die anschließenden Positionierbewegungen der MTM-1-Analyse fordern für die Schraube aufgrund der Zuführbahn ein P2 S mit schwieriger Handhabung (D: *Difficult*) und damit 21,8 TMU. Die geradlinig zu bewegende Mutter **(b)** dagegen schafft dies mit einem P2 S E und 16,2 TMU, eine um rund 25 % kürzere Zeit.

Dies lässt den Schluss zu, dass kurze und geradlinige Bewegungen den Bewegungen auf einer Bahn vorzuziehen sind.

Dazu sind allerdings konstruktive Änderungen nötig. Der Konstrukteur könnte wie in dem in Bild 7.28 dargestellten Beispiel optimieren. Darin ist die Zuführ- und Fügebewegung geradlinig gestaltet. Außerdem wird die Mutter durch ein in das Bauteil 3 appliziertes Gewinde ersetzt. Die zweite Fügerichtung und Fügebewegung entfällt dadurch.

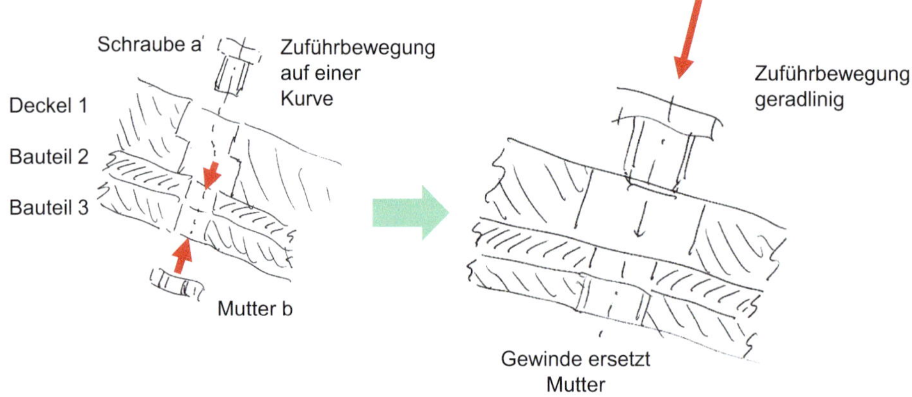

Bild 7.28 Einheitliche Bewegungsrichtung bei einer Schraubverbindung

In Bild 7.29 werden die vier Fügebewegungen (F1 – F4) bei der Montage eines Bohrmaschinengetriebes gezeigt.

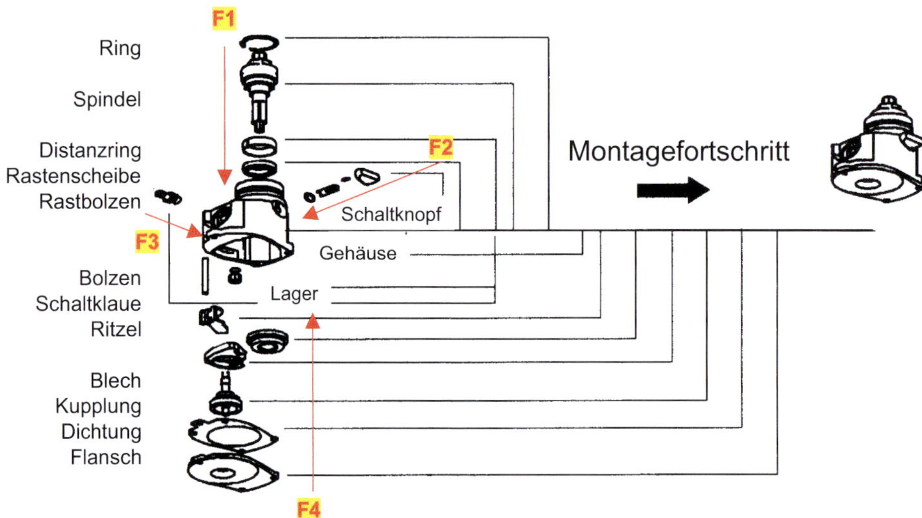

Bild 7.29 Fügebewegungen an einem Bohrmaschinengetriebe

Analysiert man die unterstützenden Bewegungen zu den Fügestellen, kann man bei Bild 7.27 und Bild 7.28 folgende Unterschiede feststellen:

- Die zwei Fügebewegungen in Bild 7.27 sind linear und gekrümmt.
- Die vier Fügebewegungen in Bild 7.28 sind linear.

Ein Wechsel der Fügerichtung erfordert ein Erfassen und Drehen des Bauteils. Bei dem Bohrmaschinengetriebe in Bild 7.30 verursacht dies einen zusätzlichen Zeitaufwand von rund 1 Sekunde pro Richtungswechsel. Der Werker muss das Getriebe bei einem Wechsel von F2 auf F3 greifen und drehen, ebenso bei der Fügebewegung von F4.

Greifen und Drehen

R 30 B	12,8 TMU
G1A	2,0 TMU
M16 B	9,2 TMU
Summe	24,0 TMU

Bild 7.30
Zeitliche Bewertung des Wechsels einer Fügerichtung

Unterschiedliche Fügerichtungen verlängern die Montagezeit. Um hier möglichst wenig Kosten aufzusammeln, sollte folgende Regel gelten: Die Zahl der Fügerichtungen sollte minimal sein.

7.3 Optimierungsmodelle am Beispiel der Montage

Eine produktionsgerechte Produktgestaltung ist für die Kostenoptimierung der Produktion von großer Bedeutung. Ansätze für eine Verbesserung können aus dem ursprünglichen Produkt in zwei Schritten entwickelt und in ein Nachfolgemodell integriert werden. Die enge Zusammenarbeit von Produktionsplanern und Konstrukteuren im Sinne des Simultaneous Engineerings ist dabei Grundvoraussetzung.

- **Schritt 1:** Ganzheitliche Analyse des Produkts oder der Baugruppen in einer Analysegruppe und Entwicklung möglicher Verbesserungsvorschläge
- **Schritt 2:** Detailanalyse mit PROKON und Ableitung von Best Practices für die Montage

7.3.1 Ganzheitliche Analyse des Produkts zur Produktoptimierung

Bei einer ganzheitlichen Produktanalyse und -optimierung zerlegt ein Team, bestehend aus Produktionsplanern und Konstrukteuren, ein Produkt in seine einzelnen Bestandteile und entwickelt darauf Verbesserungsvorschläge. Bei dieser Demontage bewertet die Arbeitsgruppe folgende Kriterien an den zu montierenden Bauteilen:

Montageaufwand	Wie ist das Zusammenwirken von Montagezeit, Werkzeugen und menschlicher Anstrengung? Wie hoch ist der Anteil verdeckter Montage und Überkopfarbeit?
Handhabung	Wie oft muss das Werkstück gedreht werden? Wie komplex ist die Handhabung?
Montageraum	Wie viel Platz steht dem Werker für das Ansetzen der Werkzeuge und Verbindungselemente zur Verfügung?
Fügerichtung	Wie viele Fügerichtungen, also eine oder mehrere Richtungen, die zur Montage eines Bauteils benötigt werden, sind notwendig?

Die einzelnen Kriterien werden für die jeweiligen Bauteile detailliert bewertet:

Montageaufwand (Schwierigkeit der Montage)	
Wie viele Werkzeuge sind nötig?	0–x
Muss man beide Hände einsetzen?	ja = 1
Überkopfarbeit?	ja = 1
Anteil der Wertschöpfung < 50 %	ja = 1
Ansonsten	0
Handhabung	
Wie oft muss man das Produkt drehen?	0–x
Wie schwierig sind die Bewegungen?	1–x (1–x Änderungen der Bahn nötig)
Montageraum	
Gibt es genügend Platz für die Montage sowie für den Ansatz der Werkzeuge und der Sicherungselemente (Schrauben, Bolzen etc.)?	nein = 1 Zahl der Engstellen x
Fügerichtungen (MR)	
Eine MR = 1 Punkt, zwei MR = 2 Punkte, > zwei MR oder versteckte Montage = 3 – 6	1 – 6

Aus der Bewertung der einzelnen Kriterien wird für das Bauteil eine Gesamtsumme gebildet:

Bewertungskriterium	Punktebereich	Punktebereich	Punktebereich
Montageaufwand	0	0 bis 2	2 und mehr
Handhabung	0	0 bis 2	2 und mehr
Montageraum	0	0 bis 2	2 und mehr
Fügerichtungen	1	1 bis 2	2 und mehr
Summe	< 2	2–8	> 8
Bewertung	leicht zu montieren	Verbesserung möglich	Überarbeitung nötig

Synchron zur Bewertung notieren die Teammitglieder in einem Ideenspeicher mögliche Verbesserungsvorschläge für eine Neugestaltung des Produkts. Nur so kann sichergestellt werden, dass kein Verbesserungsansatz verloren geht.

Fallbeispiel Vibrationswendelförderer zur Schraubenzuführung

Die Anwendung der ganzheitlichen Analyse eines Produkts soll am Beispiel eines Vibrationswendelförderers verdeutlicht werden. Aufgabe des in Bild 7.31 gezeigten Geräts ist die Ordnung und Zuführung von Schrauben an einen automatisierten Schrauber.

Bild 7.31 Analysebeispiel Vibrationswendelförderer

Zur Analyse wird das Gerät in Baugruppen aufgeteilt und bewertet. Der Förderer besteht aus den vier Baugruppen:

- Gehäuse
- Motor mit Bunker und Schikane
- Grundplatte
- Haltewinkel

Im weiteren Verlauf beschränkt sich das Beispiel auf Schritt 1 von neun Analyseschritten der Baugruppe Gehäuse.

Schritt 1: Montage des Gehäuses auf der Grundplatte

Bild 7.32 zeigt die Montagesituation des Gehäuses auf der Grundplatte. Die Baugruppe ist dort mit zwei Inbusschrauben befestigt. Die einzige Fügerichtung (MR) kann als geradlinig (von oben nach unten) beschrieben werden. Das Ergebnis der Bewertung ist in Bild 7.32 integriert und zusammengefasst. Mit 7 Punkten liegt die Baugruppe im Feld der verbesserungswürdigen Konstruktionen.

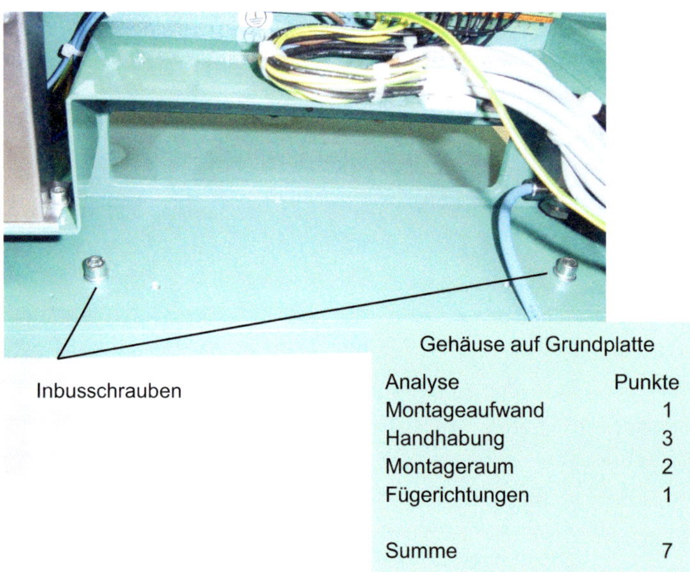

Gehäuse auf Grundplatte

Analyse	Punkte
Montageaufwand	1
Handhabung	3
Montageraum	2
Fügerichtungen	1
Summe	7

Bild 7.32 Befestigung des Gehäuses auf der Grundplatte

Gesamtbewertung des Gehäuses

Die Bewertung des Gehäuses umfasste insgesamt neun Schritte und ergibt folgende gesammelten Schwachstellen und damit Verbesserungspotenziale (siehe Bild 7.33). Daraus leiteten sich Lösungsvorschläge ab (siehe Bild 7.34).

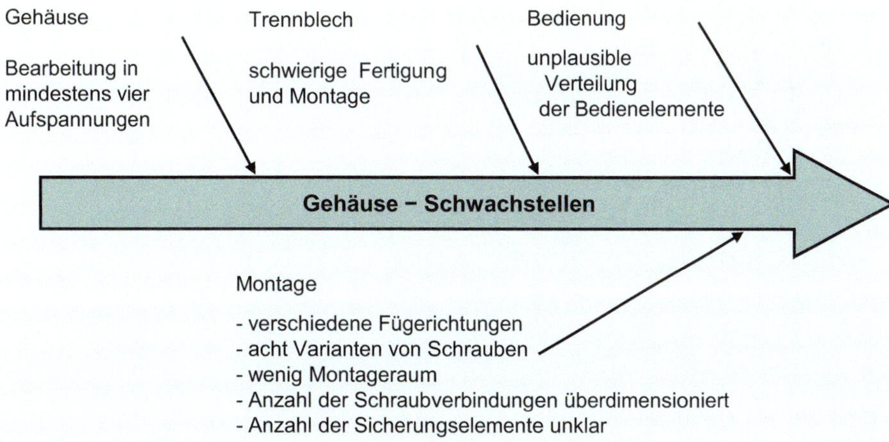

Bild 7.33 Verbesserungspotenzial beim Gehäuse

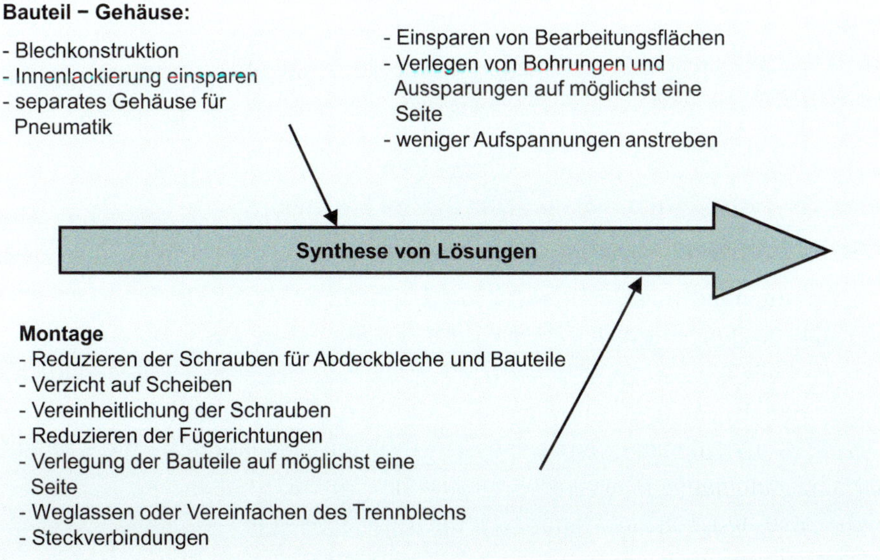

Bild 7.34 Verbesserungsvorschläge als Ergebnis der Analyse

Die Schraubenzuführung als Gesamtverbesserungsvorschlag nach der Bewertung sieht einen Aufbau aus einzelnen, separaten und unvernetzten Baugruppen mit erheblich vereinfachtem Aufbau vor (siehe Bild 7.35).

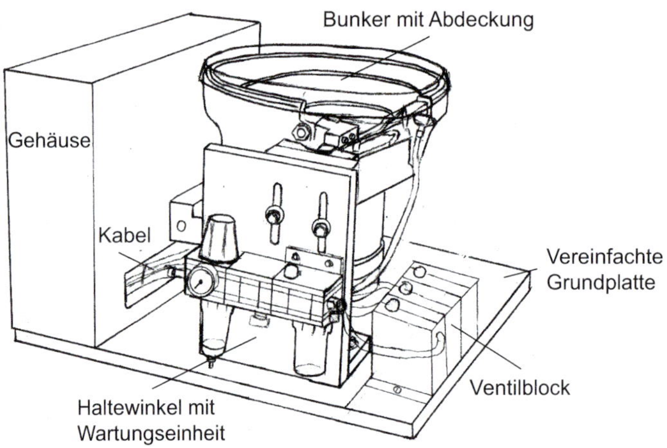

Bild 7.35 Verbesserter Vibrationswendelförderer

7.3.2 Detailanalyse mit PROKON

Die deutsche MTM-Gesellschaft entwickelte PROKON als Werkzeug zur methodischen Bewertung der Montageschwierigkeit eines Produkts. Die Methodik wird in Abschnitt 7.2.4.1, Bewertung der Komplexität von Wertprozessen mit PROKON, beschrieben.

Neben der Bewertung der Montageschwierigkeit durch einen PROKON-Wert geht man bei der Verbesserung des Produkts in zwei Schritten vor:

1. Analyse des bestehenden Produkts durch Montage und Bewertung der Einzelteile
2. Synthese von Lösungsvorschlägen (Best Practice)

In Schritt 1 werden bei der Montage des Produkts die einzelnen Teile und die Arbeitssituation der Montage analysiert und klassifiziert. Die Analyse stützt sich auf die in MTM einfließenden Kenngrößen zur Erhöhung des Kontroll- und Kraftaufwandes bei Montagevorgängen (Bokranz/Landau 2006).

PROKON betrachtet bei der Analyse nur die wertschöpfende Fügestelle. Alle weiteren behindernden Faktoren werden außer Acht gelassen. Die Analyse folgt nun den nachstehenden Schritten:

1. Alle Bauteile werden in der Montagereihenfolge nacheinander aufgelistet.
2. Die Montageerschwernisse beim Fügen des Teils werden qualitativ und quantitativ erfasst.
3. PROKON verknüpft die Erschwernisse mit einer Bewertung (Werte in Bild 7.16 und Bild 7.18) und ermittelt einen Gesamtwert.

Der Gesamtwert von 50 in Bild 7.20 zeigt den momentanen Zustand des Produkts. Die Zahl gibt aber keineswegs Auskunft über die Montagefreundlichkeit.

Im zweiten Schritt sollte man nun versuchen, diesen Wert zu verkleinern und damit das Produkt zu verbessern. Lösungsansätze bietet der Produktgestaltungskatalog in Abschnitt 7.2.

PROKON fokussiert sich dabei auf folgende Aktivitäten:

- Teilezahl reduzieren
- Fügestellen minimieren
- Justagen vermeiden
- Teilegröße und Gewicht verkleinern
- Positionierhilfen und Einführschrägen vorsehen
- schwierige Montagen vermeiden

Der Vorteil dieser Vorgehensweise liegt darin, dass der Konstrukteur mit PROKON die Auswirkungen einer Neugestaltung des Produkts vorab ermitteln kann. So kann er Alternativen bei der Gestaltung von Bauteilen und Prozessen zielgerichtet und auswirkungsgesteuert auswählen. Zusätzlichen Vorteil bietet die lückenlose Dokumentation der Entscheidungsfindung im Konstruktionsprozess.

Die Differenz zwischen dem alten und neuen PROKON-Wert weist auf mögliche Einsparungspotenziale in der Produktion hin. Geht man davon aus, dass die unterstützenden Montageprozesse bei einer Einsparung von Bauteilen wegfallen und bei Vereinfachung der Fügeprozesse analog auftreten, könnte man bei einer Verknüpfung der bekannten Montagezeit und der Häufigkeit des Auftretens mit dem PROKON-Wert das Einsparungspotenzial in erster Näherung quantifizieren.

7.4 Zusammenfassung

Die erste Säule eines erfolgreichen Unternehmens ist ein einfaches Produkt, das wenig Kosten in der Produktion verursacht. Wie in diesem Kapitel gezeigt, kann ein bestehendes Produkt methodisch analysiert und auf dieser Basis optimiert werden. In diesem Zusammenhang ist wichtig, dass der Konstrukteur neben der funktionellen Gestaltung des Produkts auch Zielvorgaben aus Sicht der Produktion erhält. Die produktionsgerechte Gestaltung der Teile und Baugruppen sollte dabei nicht ein Nice-to-have sein, sondern ein Must-have werden. Darüber hinaus sollte sich diese Regel nicht auf die Massenproduktion beschränken, denn auch im Maschinenbau mit kleinen oder mittleren Stückzahlen zählt der Ertrag eines Produkts und damit die Vermeidung von Verschwendung durch umständlich zu montierende Produkte mit unnötigen Teilen bzw. Verbindungen.

Literatur

Andreasen, M./Ahm, T.: Flexible Assembly Systems. Springer, Berlin/Heidelberg/New York 1988

Antis, W./Honeycutt, J. M./Koch, E. N.: Die MTM Grundbewegungen. H. B. Maynard & Co GmbH, Hamburg/Bremen 1969

Bokranz, R./Landau, K.: Produktivitätsmanagement von Arbeitssystemen. Stuttgart: Schäffer-Poeschel Verlag 2006

Ford, H.: My life and work. Cosimo classics. Cosimo, Inc., New York 2007

Lotter, B./Schilling, W.: Manuelle Montage. VDI Verlag GmbH, Düsseldorf 1994

MTM ASSOCIATION e. V.: Standard-Methodenbeschreibung PROKON. 2021. *https://mtm.org/fileadmin/mtm_upload/Research/Buecher_Methodensammlung_Beispiel.pdf* (zuletzt aktualisiert am 28. 04. 2021)

Schmidt, M.: Montagestrukturen im Werkzeugmaschinenbau. In: 10. Deutscher Montagekongress 1992

Tetra Pak: Tetra Pak in aller Kürze. 2021. *https://www.tetrapak.com/de/about-tetra-pak/the-company/tetra-pak-in-brief*

Index

W

Z